发现之旅

动植物篇

新光传媒◎编译

Eaglemoss出版公司◎出品

FIND OUT MORE

不同环境中的野生动植物

石油工业出版社

图书在版编目（CIP）数据

不同环境中的野生动植物 / 新光传媒编译. -- 北京：石油工业出版社，2020.3
（发现之旅. 动植物篇）
ISBN 978-7-5183-3142-0

Ⅰ. ①不… Ⅱ. ①新… Ⅲ. ①野生动物－普及读物②野生植物－普及读物 Ⅳ. ①Q95-49②Q94-49

中国版本图书馆CIP数据核字(2019)第035250号

发现之旅：不同环境中的野生动植物（**动植物篇**）
新光传媒　编译

出版发行：石油工业出版社
（北京安定门外安华里 2 区 1 号楼　100011）
网　　址：www.petropub.com
编 辑 部：（010）64523783
图书营销中心：（010）64523633
经　　销：全国新华书店
印　　刷：北京中石油彩色印刷有限责任公司
2020 年 3 月第 1 版　2020 年 3 月第 1 次印刷
889×1194 毫米　开本：1/16　印张：8.25
字　　数：105 千字
定　　价：36.80 元
（如出现印装质量问题，我社图书营销中心负责调换）

编辑说明

“发现之旅”系列图书是我社从英国 Eaglemoss（艺格莫斯）出版公司引进的一套风靡全球的家庭趣味图解百科读物，由新光传媒编译。这套图书图片丰富、文字简洁、设计独特，适合 8 ~ 14 岁读者阅读，也适合家庭亲子阅读和分享。

英国 Eaglemoss 出版公司是全球非常重要的分辑读物出版公司之一。目前，它在全球 35 个国家和地区出版、发行分辑读物。新光传媒作为中国出版市场积极的探索者和实践者，通过十余年的努力，成为“分辑读物”这一特殊出版门类在中国非常早、非常成功的实践者，并与全球非常强势的分辑读物出版公司 DeAgostini（迪亚哥）、Hachette（阿谢特）、Eaglemoss 等形成战略合作，在分辑读物的引进和转化、数字媒体的编辑和制作、出版衍生品的集成和销售等方面，进行了大量的摸索和创新。

《发现之旅》（*FIND OUT MORE*）分辑读物以“牛津少年儿童百科”为基准，增加大量的图片和趣味知识，是欧美孩子必选科普书，每 5 年更新一次，内含近 10000 幅图片，欧美销售 30 年。

“发现之旅”系列图书是新光传媒对 Eaglemoss 最重要的分辑读物 *FIND OUT MORE* 进行分类整理、重新编排体例形成的一套青少年百科读物，涉及科学技术、应用等的历史更迭等诸多内容。全书约 450 万字，超过 5000 页，以历史篇、文学・艺术篇、人文・地理篇、现代技术篇、动植物篇、科学篇、人体篇等七大板块，向读者展示了丰富多彩的自然、社会、艺术世界，同时介绍了大量贴近现实生活的科普知识。

发现之旅（历史篇）： 共 8 册，包括《发现之旅：世界古代简史》《发现之旅：世界中世纪简史》《发现之旅：世界近代简史》《发现之旅：世界现代简史》《发现之旅：世界科技简史》《发现之旅：中国古代经济与文化发展简史》《发现之旅：中国古代科技与建筑简史》《发现之旅：中国简史》，主要介绍从古至今那些令人着迷的人物和事件。

发现之旅（文学·艺术篇）：共5册，包括《发现之旅：电影与表演艺术》《发现之旅：音乐与舞蹈》《发现之旅：风俗与文物》《发现之旅：艺术》《发现之旅：语言与文学》，主要介绍全世界多种多样的文学、美术、音乐、影视、戏剧等艺术作品及其历史等，为读者提供了了解多种文化的机会。

发现之旅（人文·地理篇）：共7册，包括《发现之旅：西欧和南欧》《发现之旅：北欧、东欧和中欧》《发现之旅：北美洲与南极洲》《发现之旅：南美洲与大洋洲》《发现之旅：东亚和东南亚》《发现之旅：南亚、中亚和西亚》《发现之旅：非洲》，通过地图、照片和事实档案等，逐一介绍各个国家和地区，让读者了解它们的地理位置、风土人情、文化特色等。

发现之旅（现代技术篇）：共4册，包括《发现之旅：电子设备与建筑工程》《发现之旅：复杂的机械》《发现之旅：交通工具》《发现之旅：军事装备与计算机》，主要解答关于现代技术的有趣问题，比如机械、建筑设备、计算机技术、军事技术等。

发现之旅（动植物篇）：共11册，包括《发现之旅：哺乳动物》《发现之旅：动物的多样性》《发现之旅：不同环境中的野生动植物》《发现之旅：动物的行为》《发现之旅：动物的身体》《发现之旅：植物的多样性》《发现之旅：生物的进化》等，主要介绍世界上各种各样的生物，告诉我们地球上不同物种的生存与繁殖特性等。

发现之旅（科学篇）：共6册，包括《发现之旅：地质与地理》《发现之旅：天文学》《发现之旅：化学变变变》《发现之旅：原料与材料》《发现之旅：物理的世界》《发现之旅：自然与环境》，主要介绍物理学、化学、地质学等的规律及应用。

发现之旅（人体篇）：共4册，包括《发现之旅：我们的健康》《发现之旅：人体的结构与功能》《发现之旅：体育与竞技》《发现之旅：休闲与运动》，主要介绍人的身体结构与功能、健康以及与人体有关的体育、竞技、休闲运动等。

“发现之旅”系列并不是一套工具书，而是孩子们的课外读物，其知识体系有很强的科学性和趣味性。孩子们可根据自己的兴趣选读某一类别，进行连续性阅读和扩展性阅读，伴随着孩子们日常生活中的兴趣点变化，很容易就能把整套书读完。

目录 CONTENTS

城市里的野生物

乍看上去，城市丛林更像是一个城市沙漠——大面积的混凝土和柏油路围绕着小块绿洲。但实际上，城市里的生命比我们第一眼看到的要多得多。

城市很容易被看作沙漠，因为城市里几乎没有野生物的踪迹。城市里生活着大量的人，因此在建筑区似乎没有什么野生物生存生长。但是，就像生命以各种形式适应了沙漠中的生活一样，野生物们也在城市这片人造的环境中找到了立足之地。

▲ 一头母驼鹿冲出了关养它的牧场，获得了自由的驼鹿在住宅区徘徊，时而在某个人家的前院停下来休息一会儿。

人行道上的小花园

甚至在路边的小面积区域内，也可以发现大量野生物的踪迹，如图中这个小角落。一些植物能在任何地方生长，只要那里有少量的土壤可供它们扎根。

肮脏的古老城市

人们并不会像完全占领一片土地那样，对一个地方进行彻底的治理。城市里的生活环境、生态系统，甚至气候都明显不同于周围的乡村。家庭供暖和工业生产使城市的温度比它周围的地区高出3℃，这使得在一些北方城市里，植物的开花期和动物的繁殖期都有所提前。

与乡村相比，城市显得雾蒙蒙的，云团更多，风更少。城市中的空气污染要比乡村的空气污染严重得多。比如，空气中的灰尘、二氧化硫、一氧化碳以及二氧化碳，所有这一切都影响着生活在城市中的生物。

▲ 红隼飞进了城镇，寻找麻雀之类的小鸟充饥。在城市里，它们不会缺少食物。

沙漠中的绿洲

在砖石、混凝土、沥青和柏油路的空隙中，有一些可供植物和动物生存的肥沃地带——公园、花园、铁路路基、林地，甚至垃圾箱。

城市里的园丁们在一小块区域内种植了许多植物，包括当地植物和引进的植物，所以，你经常可以发现各

▼ 在北美洲的许多城市里都可以见到浣熊。它们经常“突袭”垃圾箱，并把垃圾翻撒在人行道上，弄得到处都是。

种各样的鸟儿飞到那里吃种子和昆虫。例如，在英国的花园里，每平方米土地上的乌鸫数目比在林地里的还要多。在西非，花园里的蝴蝶种类也远远超过了附近雨林中的蝴蝶种类。

城市垃圾箱中腐烂的物质会产生热量，并为鸥、蛇蜥、蜥蜴、蛇、蟑螂和苍蝇之类的动物提供丰富的食物。

不过，当许多植物和动物在这些肥沃的绿洲上繁荣地生长时，那些全心全意让自己投入喧嚣的城市生活中的生物更加值得一看。

生命持久的植物

植物在所有的城市里繁茂地生长着。有一些植物，如伦敦悬铃木和七叶树，因为能够抵抗污染而被人们种植。但是在城市里，也有一些不速之客——许多农作物的种子逃离了农场，在城市里安了家。

苔藓在任何地方都能够生长，只要有可供它们生长的足够的水分。草也能在任何一道裂缝中生长，只要那里有少量的土壤可供它们扎根。在气候温暖的城市里，蕨类植物繁荣生长，甚至从断墙上长出来。它们可以从砖块、灰泥以及其中的有机物中获得所需的营养。

动物入侵者

在伦敦的特拉法尔加广场上，人们偶尔可以看见狐狸跑过，它们可谓是这个城市中心的真正居民。

城市里的许多动物早在城市被修建起来之前，就已经生活在那里了。城镇和城市在动物的洞穴、窝巢附近涌现，生活在这里的动物不能离开，只好尽量使

你知道吗？

城市里的真菌

真菌也有可能在城市里生根。像这种毛头鬼伞（俗称“鸡腿蘑”）就生长在城市和郊区的草坪里或者路边的草丛里。当菌体成熟后，它们会变得非常蓬松，并滴下像墨水一样漆黑的液体。液体中含有孢子，会滴落在地上并开始繁殖。在英国，由于它们独特的外观，有时也被称为“律师的假发”。

▲ 在欧洲的一些城市里，人们常常能够在黎明和黄昏时分看见刺猬，它们居住在花园里、公园里，以及簇叶丛生的地带，以蚯蚓和其他无脊椎动物为食。

◀ 白天，城市里的狐狸通常都躲在一些安静的地方。有时候在人们家中的地窖里，还能找到整个狐狸家庭。

自己适应这改变着的环境。其中也有一些动物对人类已经非常熟悉了，并且很愿意依靠人类的垃圾为生。

还有一些动物是被人类有意或无意地引进来的。黑家鼠就是乘着货船，从东南亚“偷渡”到了世界各地。在一些情况下，逃跑的宠物也可能会生存并繁殖下去，如在罗马，家猫或者家猫的后代流浪到野外，就变成了野猫。不过实际上，许多动物都是“搬家”到城市中去的，为了躲避捕食者，或者为了获得稳定的食物来源——通常是人类的垃圾箱。

▲ 三只疣猴离开了森林，来到城市里寻找更加舒适的生活。在一户肯尼亚人家的房顶上，它们四处观望，寻找进食的机会。

城市里的鸟类

▲ 这只白鹳选择在一户人家的房顶上筑巢，并在巢中抚养它的幼鸟。

鸽子和八哥是城市里的常住居民，但实际上它们原本都是野生动物。城市里的鸽子是野生原鸽的后代。原鸽通常生活在岩崖上，所以，家鸽会被城市中的高楼所吸引，它们可以安全地栖息在建筑物上，从而躲避捕食者的袭击。游隼有时会在摩天大楼和冷却塔上筑巢，它们以城市里的鸽子为食。

鸽子吃种子和街道上的食物碎屑，如面包屑等，但是管理人员一般不鼓励游客用面包屑喂它们。八哥经常往返于不同的地方，在白天，它们会从城镇中心飞到郊区或者周围的乡村地区，寻找虫子和其他小型无脊椎动物作为食物。

城市里还有许多其他种类的鸟，它们栖息在世界各地的树上、房顶和风井中。有些城市里还有蝙蝠。

▲ 在英国伦敦市的特拉法尔加广场上，大群的鸽子生活在交通要道附近，这导致它们体内的铅含量日益增高。

▲ 这位德国先生在走出面包店的路上，将他手中香甜可口的脆饼干喂给了几只疣鼻天鹅。

城市里的爬行者

在公路或者人行道下，许多小型动物都在土壤中安了家。热带蟑螂在伦敦、纽约这些较为寒冷的城市里生存了下来，因为这些寒冷的城市里有温暖的建筑物。居住在建筑物中的生物还有蚂蚁、白蚁、蠹虫、甲虫、跳蚤、蜘蛛和苍蝇等。

城市里总是有大量的狗，也有大量的狗粪，因此这就意味着会有大量的苍蝇。

城市里的哺乳动物

城市里的哺乳动物虽然不及乡下的多，但是仍然有不少。在英国各大城市、多伦多、巴黎、阿姆斯特丹、斯德哥尔摩、纽约和许多其他地方，狐狸都十分

▲ 这群袋鼠在澳大利亚的一个高尔夫球场上啃食草皮。如果一个高尔夫球打到了袋鼠的身上，人们会把球放在原来的地方，继续进行比赛。

常见。比起它们那些生活在乡村中的表亲，它们更多是以腐肉为食，并且会吃大量的蚯蚓。在印度，叶猴会从印度教神庙里偷吃食物的碎屑。它们无所畏惧，因为当地人认为它们是神圣的。

老鼠是一种行动迅速的小型哺乳动物，它们几乎什么东西都能吃。老鼠通常生活在房屋或者下水道里。大量的老鼠可能会给人类的健康带来危害，但是把它们完全从城市里根除掉是不可能的，因为它们的适应性太强了。

你知道吗？

大门口的鳄鱼

老鼠并不是生活在下水道里的唯一动物。在美国佛罗里达州的一些城市里，短吻鳄也加入了这一行列。这些爬行动物不仅对下水道工人构成了威胁，而且威胁到待在家里的普通市民。它们有时候会突然从地下冒出来，到露天游泳池里悠闲自在地游泳。

岩石海岸的野生物

在岩石海岸的水塘、沟壑、隐蔽处和一些缝隙中，通常都能发现各种各样的海洋生物。在这些覆盖着海草、藤壶和海葵的地方，生活着不计其数的植物和动物。

你想象中的海滨是什么样子呢？金色的沙滩？沙质海滨不像岩石海滨那么常见，而且生活在沙质海滨上的海洋生物，通常都藏身于沙粒之中。可是在岩石海岸线上，动植物却遍布海岸。在这里探索海洋生物，是一件非常有趣的事。

尽管在海岸线上充满了生命，但是对生活在这里的动植物来说，生存的条件仍然极为艰苦。它们要时刻应付巨浪的冲刷。那些不能找到藏身之地并及时躲过海浪的冲击，或者不能够有力地附着在岩石上的生物，注定会被海水冲走或吞没，甚至被巨浪撕成碎片。

但是，生物们面临的困境并不仅是这些。那些生长或生活在岩石海岸上，被海水完全淹没或半淹没的生物，为了避免因为退潮脱水而致使生命枯竭，或因水分过多而使生命窒息，以及为了获得足够的食物与养分，它们自始至终都在与命运不停地做斗争。

它们不但要时刻应付高温、雨水、海边的捕食者，还必须随时调整自己的呼吸状态，以适应新的环境。在水下，它们除了为自己觅食，同时也要躲避其他的天敌。在这样的地方——既非完全干燥的陆地，也不完全是海洋，只能说一半是陆地，一半是海洋的地方生活，并非一件容易的事情。

不过，任何事情的好坏都是相对的。在海滨的浅水中，有大量的浮游生物——它们是所有海洋生命的基础。在许多海岸边，尤其在岩石海岸处，还有许多藏身之地，既能帮助生活在海岸边的生物躲避艰苦的自然环境，也能帮助它们逃避捕食者的攻击，加大它们的生存机会。

海滨的自然条件不仅艰苦，它们还与你旅游度假时去的海滨截然不同。那些生活在高潮线附近的生物，往往面临巨大的挑战，因为在这些地方，它们每天只能享有短短几个小时的海水；相反，生活在低潮线附近的生物，每天大多数时间都浸泡在海水中。因此，在海滨的不同区域，生活着不同的生物。这就导致了在岩石海岸上，有不同的生态圈（不同的区域有不同的

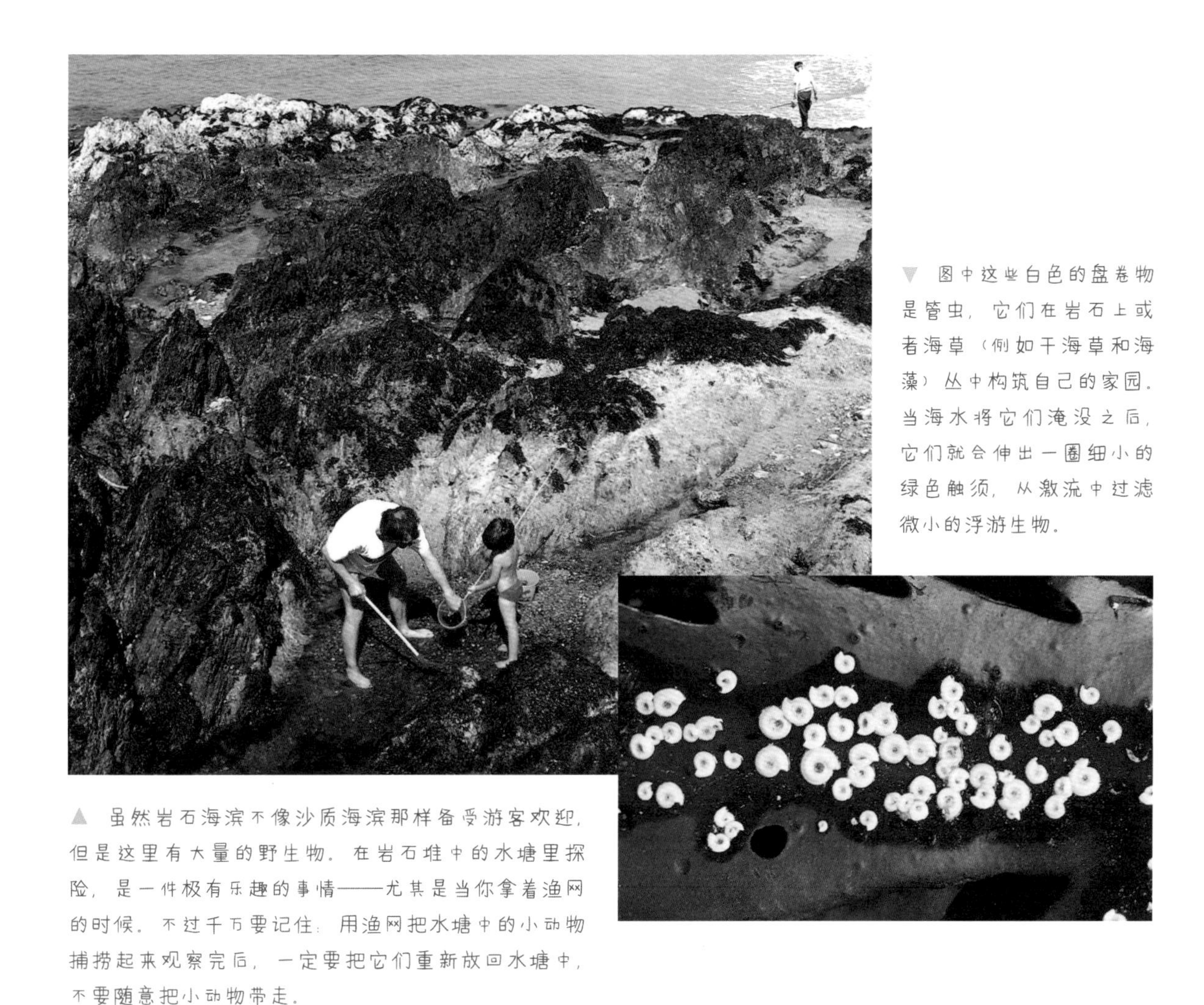

▼ 图中这些白色的盘卷物是管虫，它们在岩石上或者海草（例如干海草和海藻）丛中构筑自己的家园。当海水将它们淹没之后，它们就会伸出一圈细小的绿色触须，从激流中过滤微小的浮游生物。

▲ 虽然岩石海滨不像沙质海滨那样备受游客欢迎，但是这里有大量的野生物。在岩石堆中的水塘里探险，是一件极有乐趣的事情——尤其是当你拿着渔网的时候。不过千万要记住：用渔网把水塘中的小动物捕捞起来观察完后，一定要把它们重新放回水塘中，不要随意把小动物带走。

植物和动物）。

在岩石海岸的高处，在那些即使海水涨潮也淹没不到的地方，是潮上带（也称“浪溅带”）。这里的生物基本上都生活在陆地上，虽然它们有时也不得不与海水的浸泡做斗争。

在潮上带的下面，是潮间带（也称“近岸浅海底带”）。在这片区域，每天大约有一半的时间都浸泡在海水中。因此，这里生活着各种不同的生物，其中大多数都是海洋生物——它们几乎都生活在海水中。这片区域一直从高潮线的最上方，延伸到低潮线的最下方。在潮间带的下面是潮下带，这里大多数时间都被海水淹没——只有在海水最低潮时才不会被淹没。因此，生活在这里的生物，几乎都不能耐受脱水的环境。你会发现，在这片地方，生活着很多你或许从未见过的生物，这是一片完全不同的地方。然后，在潮下带的下面，就是海洋了。

岩石上的生命

在岩石海岸的不同区域，生活着不同的植物和动物，有一些仅仅生活在潮上带，有一些则生活在潮下带。这些不同的小型生态圈，主要是由它们被海水淹没的面积和时间长短来决定的。在岩石海岸和沙质海岸上，都存在着不同的生态圈，但岩石海岸上的生态圈最容易被观察。在一些岩石海岸上，这种不同的生态差异非常明显，并且呈带状分布。

①大海鸥总是在寻找食物。

②蛎鹬用结实的喙将软体动物敲碎。

③在潮上带，橙色和灰色的地衣植被，使这片地区显得五彩缤纷。

④海生蜗牛以黏黏的蓝绿藻为食。

⑤大麻雀正在拣食海生蜗牛。

⑥海蟑螂在黑色的青苔中滋生。

⑦当潮水涌上来的时候，帽贝开始进食。

⑧墨角藻有气囊，因此，它们会迎着光线的方向漂浮。

⑨石鳖生活在岩石下，它们要么附着于岩石，要么垂悬着。

⑩软体动物成团附着在岩石上。

⑪辣螺吞食软体动物和藤壶。

⑫海胆爬上岩石和海藻的茎干。

⑬象耳海绵附着在岩石和海藻的茎干上。

⑭角叉菜是一种海草，可以食用。

⑮海白菜是一种海草，吃起来味道像沙拉。

⑯滨蟹即使离开了海水，也能生存很长一段时间。

⑰梭子蟹用像桨一样的后腿划水。

⑱在岩石海岸的下面，生长着大面积的昆布。

⑲阳遂足在岩石和海藻之间进食。

⑳在浅海和深水中都能看到海星。

㉑这种海草的裙褶是从球茎上生长出来的。

㉒鞋带虫能长到 30 米长。

㉓圆鳍鱼利用身上的吸盘附着在岩石上。

㉔海葵在水下挥舞着触须。

㉕海鳗潜伏在岩石洞中。

㉖濑鱼以甲壳动物和软体动物为食。

㉗大量的海鞘在岩石中藏身。

㉘灰海豹吃鱼，为自己储存皮下脂肪。

㉙鳕鱼藏身于海藻中，并在海藻中进食。

㉚绿鳕在水底觅食小鱼。

◀ 英鳚钻鱼的鱼鳍看起来像触须，它们主要生活在英国的南部海岸和西部海岸。它们经常躲藏在低潮线的海藻丛中，但有时也能在岩石海岸的水塘中发现它们。

▲ 巢中的鸬鹚一旦受到打扰，就会像蛇一样，发出一种“嘶嘶”的声音。每年的春天过后，它们的羽冠就会消失。这种鸟儿擅长捕鱼，它们能潜入水中抓获自己的猎物。在它们栖息的时候，人们能在岩石海岸上看见成群的鸬鹚。

你知道吗？

圣诞岛上的陆地蟹

位于印度洋的圣诞岛上，当红色的陆地蟹到了产卵时节，它们就会离开家园（邻近海岸的干燥陆地），前往海边，将卵产在海水中。和其他螃蟹一样，卵孵化成游动的幼虫，靠着水中大量的浮游生物成长。图中的这幕景象发生在墨西哥的岩石海岸边。这满地的红色陆地蟹，正在准备产卵。

▲ 海鞘是一种滤食动物，它们用虹吸管将体内的海水吸出来，从而过滤出海水中的营养物质。海水从虹吸管的一端流入它们的体内，然后，再用虹吸管的另一端将多余的海水喷出。

▲ 这些绵羊生活在英国北罗纳德赛岛和奥克尼群岛的岩石海岸上，趁着低潮的时候，它们正在吃海草，这种绵羊体格健壮，是一种比较原始的品种。

潮上带上的生物

在潮上带的最上面，长有大片的地衣植物，这些地衣，要么是橙色的，要么是灰色的。在这些橙色和灰色的地衣植物下面，又生长着带状的、黑色的、像果冻一样的地衣植物，以及黏黏的蓝绿藻。在这些植物中，生活着海蟑螂和海生蜗牛。这些动物只需要用少量的海水润湿呼吸器官，帮助它们呼吸。

你知道吗？

海浪的力量

海浪对生活在岩石海岸上的野生物来说，具有深刻的影响。在那些气候条件异常恶劣的海岸线上，海草根本不能生长。因此，在这些地方，经常能在潮上带的地衣植物下发现藤壶、帽贝。有一些鱼，例如圆鳍鱼，长有特殊的吸盘，可以帮助它们吸附在岩石上，这样即使在最凶猛的海浪中，它们也会平安无事。

潮间带上的生物

人们如果想在海滨寻找有趣的动植物，那么潮间带可能就是最容易发现它们的地方。在这里，海水淹没的时间比潮上带多，比潮下带少。因此，生活在这里的生物，基本上都同时适应了水里的生活与水外的生活。

▲ 海水下面生长着各种茂盛的海藻。它们既为各种各样的动物提供了藏身之所，也为动物们提供了食物。在低潮的时候，能看见探出水面的海藻叶。

▲ 在美国的太平洋沿岸，海獭在海藻丛中进食和睡觉。在睡觉的时候，它们用海藻叶将自己包裹起来。这种“海草睡袋”能将它们牢牢固定在海床上，这样，海浪和潮流就不会将它们冲到大海里去。

岩石海岸上的水塘

当海潮退去，在岩石海岸的岩洞中，会残留一些小潭的海水。在每一个小水塘中，都有很多生物——有些生物会一直生活在这些水塘里，有些生物则会在下一波海潮涌来时随海水回到大海。和海葵（①）不同，这种贝类（②）无法缩回触须。许多鲇鱼（③）一生 90% 以上的时间都生活在岩石海岸上的小水塘里。在这些小水塘里，其中小濑鱼（④）最常见，成年濑鱼则生活在深水中。这种恶毒的鬼虾（⑤）会突然袭击过往的猎物，就像觅食的海螳螂一样。寄居蟹（⑥）藏在海螺壳中四处游荡，而这种可以食用的螃蟹（⑦）则躲在岩石缝里。帽贝（⑧）、软体动物（⑨）和海生蜗牛（⑩）都是岩石海岸上的小水塘里很常见的软体动物。鲳鱼（⑪）藏在岩石下，尖嘴鱼（⑫）躲在海草中。

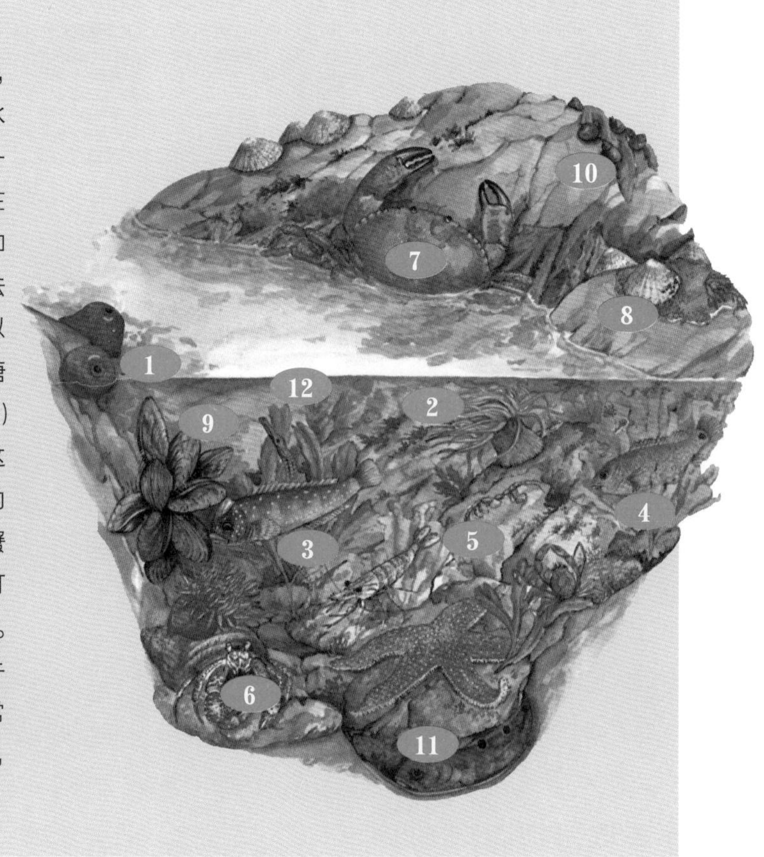

▲ 一群雄性小海象聚集在海岸边。每年，岩石海岸上都能看到这样的景象。在繁殖期里，雄性海象会发出一种奇怪的、像铃声一样的“叮当”声。

▲ 高地鹅通常生活在淡水边，但是它们在岩石海岸的水塘和海草丛中，能够找到大量的食物。在马尔维纳斯群岛的海岸边，这群高地鹅正在觅食。

大开眼界

海蟑螂

海蟑螂是生活在岩石海岸的“虱子”。它们对光线很敏感，因此白天的时候，它们就躲藏在岩石裂缝中。到了夜晚时分，如果月光很明亮，它们也会躲藏着不出来。

在潮间带，大多数岩石上都覆盖着一层单细胞藻类植物。在这里，帽贝、海生蜗牛等以单细胞藻类植物为食。它们用强劲的、多齿的舌头——齿舌，在岩石上刮擦藻类植物。

潮间带也被称为藤壶区，因为这里往往生长着很多藤壶，许多甲壳类动物都附着生活在这里。当潮水涌上来将它们淹没时，它们就觅食海水中的浮游生物。在潮间带的岩石下，还生活着另一种滤食动物——贻贝。这种软体动物在很小的时候，就用强劲有力的足丝，将自己附着在岩石上，一生都不再移动。

辣螺是藤壶和贻贝的天敌。它那坚韧的喙，能够插入藤壶具有保护作用的外表组织，或者将贻贝的两瓣壳分开。海星也吃贻贝，它会用臂上的管状足抓住贻贝的两瓣壳，然后用力地拉扯，直到贻贝虚弱得无力挣扎，最终两瓣壳会被分开。然后，海星会把自己的胃拽出来，塞进贻贝的壳中，慢慢将贻贝壳内柔软的肉消化掉。与贻贝相比，海星更依赖海水，因此，贻贝生活的地方越远离海岸，它们也就越安全。

海草在潮间带疯狂地生长。在这里，很多岩石上都生长着褐色的海草，如干海草。这些海草都黏黏的，即使没有海水，也不容易干。再往下，生长着好看的红色海草，如角叉菜。

在潮间带的岩石下和海草丛中，有许多甲壳动物，如虾、青圆蟹、梭子蟹等。

潮下带中的生物

濑鱼、圆鳍鱼、青鳕、鳕鱼一般都生活在海藻丛中，尤其是那些极度依赖海水的褐色海藻。这些生长在深水中的海藻，只有在最低潮时，才会露出水面。这里就是潮下带。在潮下带，有着大量的刚毛虫、海鞘、海绵、海葵等。

沙漠中的野生物

沙漠属于特殊的地带，但沙漠并不都是酷热难耐、黄沙漫天、毫无生机的。从撒哈拉沙漠的深处到戈壁的冰封高地，这里是地球上一些最独特的动植物的家园。

沙漠差不多占地球上陆地总面积的 1/4，大约相当于整个非洲的面积。但并不是所有的沙漠都像我们在电影里看到的那样，黄沙漫天，沙丘密布。很多沙漠都是石质的，还有一些沙漠是沙石混合型的。即使是著名的撒哈拉大沙漠，也只有 1/5 的面积是沙地。沙漠里的天气也千差万别，有些沙漠炎热，有些则很寒冷。典型的沙漠是白天酷热，夜晚寒冷，很多动物只在拂晓和黄昏时分才出来觅食，这时的温度更易于忍受一些。

▲ 速度飞快的骆驼蜘蛛猎食昆虫、蜥蜴和小型鸟类，它们使用有力的颚咬住猎物。

沙漠一般都非常干旱。大多数沙漠的年降水量都低于 120 毫米（英国的首都伦敦在一个多雨月份里的降水量就超过这个数字）。然而，也有一些沙漠雨量充沛，但在极端的高温下，雨水差不多都直接蒸发（蒸干）掉了。还有一些沙漠每年会有一段雨季，但在其余的日子里，就再也见不到一滴雨水了。

沙漠植物

沙漠植物是如何在这种严重缺水的环境中生存下来的呢？普通的植物在炎热干旱的沙漠里很快就会死去。要想生存下去，沙漠植物就需要通过特殊途径来储水。

一些植物，如垫状植物（这类植物的枝条紧密地挤在一起，呈垫状体），在干旱的天气里会死去，但物种却能够通过种子存活下来。当雨水来临时，种子就会发芽，新的植株迅速生长起来。在相当短的时间里，这些植物就能开花，沙漠也从单调中苏醒，变得色彩缤纷。另外一些植物，如金合欢属植物和豆科灌木，在旱季也能存活。为了渡过难关，它们生有特别长的根系，

北美洲的沙漠

世界上最大的仙人掌——萨瓜罗仙人掌，是沙漠里的主要风景。大多数沙漠动物都活跃在较为凉爽的拂晓和黄昏。

跳跃者

这些更格卢鼠长着长长的后腿，用来跳跃，这有助于它们避开捕食者的追击，并能使身体远离沙漠地面。

小鸺鹠

很多鸟类，比如小鸺鹠，在萨瓜罗仙人掌上寻找啄木鸟废弃的巢穴，并在那里安家。

啄仙人掌的啄木鸟

这只毒蜥啄木鸟在萨瓜罗仙人掌粗大的茎干上啄出了一个清凉的家，并把防水的萨瓜罗仙人掌汁液涂在洞口边缘。

整齐的皱褶

这株萨瓜罗仙人掌的茎干上有很多皱褶用来呼吸，不呼吸时就将这些皱褶闭合起来，防止水分散失。

在地下乘凉

白天的大部分时间，这只穴居的猫头鹰都待在它凉爽的地洞里。

铲沙者

锄足蟾用自己铲子一样的后肢，把洞挖进沙子深处。

鹰眼
猎食鸟（如这只哈里斯鹰）不费什么力气就能飞行很远的距离。它们拥有惊人的视力，能侦察到在 1 千米以外活动的鼠类。

大开眼界

抓住露水

生活在非洲西南部的千岁兰用一种非常聪明的方法获取水分。夜晚，沙漠里的空气冷却下来，携带水汽的能力降低，因此部分水汽在地面上结成露水。这种植物长着两片巨大的叶子，并裂开呈带状，细小的露珠在叶片上汇集起来，沿着叶子的管道流进深扎于地下的主根，并在那里的低温下储存起来。

嗥叫并巡行
郊狼潜行在沙漠上，寻找长耳大野兔和沙漠棉尾兔作为自己的食物。

石炭酸灌木
石炭酸灌木只在冬天的雨季里长有叶片，旱季来临后就将叶子全部脱落。

大耳朵
长耳大野兔长着一对巨大的耳朵，里面密布着血管，帮助降低体温。为了逃避饥饿的捕食者的追击，它们能以 45 千米／时的速度全速奔跑。

觅食
菱斑响尾蛇大多在夜间觅食，它们利用眼睛下方的红外线感受凹点，追踪自己爱吃的啮齿类动物。

夜间捕食
蝎子在沙漠里十分常见。白天的大部分时间，它们都躲藏在地下，晚上才出来捕食昆虫。

食蝗鼠
美味的“蜥蜴午餐”里含有大量的水分。它们的捕食者，如这只小食蝗鼠，从这些蜥蜴身上获取所需的大部分水分。

充气的蜥蜴
变色蜥不捕食的时候，就把自己塞进岩石的裂缝里，然后把体内充满空气，这样就不会被捕食者拉出来。

▲ 尽管沙漠平时看起来单调沉闷，毫无生气，但一场大雨过后，休眠的种子迅速萌芽，沙漠就会焕发生机，繁花似锦。

可以摄取深藏在地下的水分。甚至在最干旱的季节里，它们也能从地下 30 米深处摄取水分。

植物需要呼吸，吸入新鲜空气，排出体内废气，这样才能进行光合作用(利用阳光制造食物)。它们通过叶片上一些特殊的孔(叫作“气孔”)完成气体交换，同时，水蒸气也会通过气孔逃逸出去。沙漠植物的气孔非常少，而且基本上都位于叶片的下表面，避开了阳光的直射，减少了水分的散失。一些植物(如松叶菊属植物)的气孔只在夜晚才打开，这时的空气比较凉爽，散失的水分也比较少。还有些植物在干旱时会卷起叶片，阻止水分的蒸发。

肉质植物(如大戟属植物)的肉质叶片表面上，覆盖着一层加厚的蜡质表皮，蜡质层是防水的，因此可以把水分保留在植物体内。仙人掌根本就没有叶片，有一些品种还长着针刺防止动物的啃食。仙人掌和其他一些沙漠植物的根分布在地表浅层，并向四方广泛延伸，这样每降一场小阵雨，它们就能在阳光把雨水晒干之前，及时吸收到足够的水分。

很多植物，如仙人掌和一些肉质植物，用茎干来存储水分。非洲的猴面包树把水分储存在肿胀的巨型树干里。

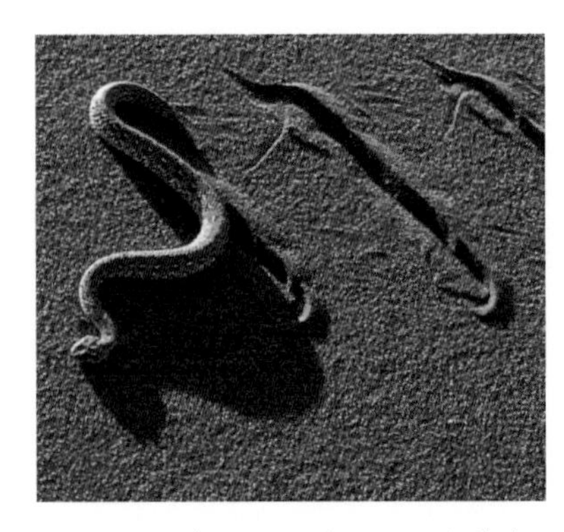

▲ 因为只有松散的沙子可供支撑身体，响尾蛇只好侧着身子蜿蜒爬行，并在沙地上留下了泄露行踪的印迹。尽管响尾蛇侧身蜿蜒而行，但是它最终的方向还是朝着正前方的。

沙漠植物在尽量避免了水分散失后，要做的最后一件事就是防御生长在附近的、与自己争夺水分的其他植物。一些植物，如加利福尼亚沙漠里的灰色山艾树，能产生一种化学物质，阻止其他植物的生长及其种子的萌芽。它们的味道也很令人讨厌，所以那些植食性动物不会想要去吃掉它们。

旱地里的动物

白天，沙漠里的动物必须做好降温工作；夜晚，它们又必须为自己保暖。在一天中最热和最冷的时段，小型动物，如蛇类、蜥蜴、昆虫、蝎子和蜘蛛，通常把自己埋在地下，只在拂晓或者黄昏时分才出来活动。撒哈拉沙漠的地表温度从 50℃到 0℃不等，但是在沙下 20 厘米处，温度变化幅度就小得多。而且地下也湿润得多，动物们不会因为流汗和蒸发而散失太多水分。同时，动物呼出的水分也使洞穴更加湿润。裸鼹鼠终生都生活在地下。生活在非洲纳米比亚沙漠里的格兰特沙漠金鼹鼠会在沙地里“游泳”。它们以那些为避开灼热的阳光而选择穴居的昆虫和蜥蜴

▲ 亚洲野驴漫步在印度炎热的天气里。它们长着毛茸茸的身体，喝水速度非常快，因此比马更适应干旱的地区。

沙漠动物

位于世界上不同地方完全没有亲缘关系的沙漠动物们，应对沙漠恶劣环境的方法却十分相似，甚至有时，它们看起来也很相像，这种现象叫趋同进化。美洲沙漠里的更格卢鼠、非洲的跳鼠和澳大利亚的有袋动物，都有着相同类型的长长的后肢。撒哈拉沙漠里的大耳狐则和北美洲的沙狐一样，都长着一对特别大的耳朵。

▲ 这只伶俐的大耳狐长着一对夸张的耳朵，可以在黑暗中听到猎物的声响，并且能帮助身体降温。

▲ 沙漠居民曲角羚羊从植物中获得所需的全部水分，它们需要长途跋涉，寻找植被。

澳洲的沙漠

澳大利亚的内地相对于沙漠而言非常湿润，但事实上，这里仍然炎热、缺水，只有那些适应性很强的生物才能生存下来。

进口的骆驼
澳大利亚内地有几百头单峰骆驼，它们是骆驼的一个野生种，是由移民者带到澳大利亚的。

古老的狗
澳洲野狗是在大约4万年前随土著人一起迁入澳洲的。它们曾经是家狗，后来回到野外，变成了野狗。

你知道吗？

沙地里的“虾”

外形和虾相似的甲壳类动物三齿鱼生活在沙漠里。在被太阳烘干了的池塘下面，它们耐干旱的卵存活了下来。雨后，这些卵孵化出来，发育成性成熟的个体，然后进行交配并产下更多的卵。它们的生命就是一场比赛，它们一定要赶在池塘再次干透之前完成产卵。三齿鱼能在不到两周的时间内，完成发育、交配和产卵这三项工作。

虎皮鹦鹉的领地

大群的虎皮鹦鹉飞过干旱的澳大利亚内陆上空。在特别炎热的天气里，它们一口水都不喝，也能够生存几个星期。

酷热中的鹦鹉

在干旱的澳大利亚中部，大群的桃红鹦鹉聚集在畜牧区的水坑或水塘附近。

岩石里庇荫

岩袋鼠和岩大袋鼠生活在大石块、石洞和露出地面的岩层里，在这个炎热干旱的地区，岩石是它们在白天的庇荫之所。

敏捷的爬虫

巨蜥是澳洲占统治性地位的蜥蜴，它们通常也是游泳和爬树的好手。沙漠是很多种蜥蜴的家园。

夺命蝰蛇

蝰蛇体长 1 米左右，尾巴尖，色彩鲜亮。它微微地抖动尾尖吸引猎物的注意，然后发动攻击。是一种毒性很强的蛇。

难以置信的骆驼

骆驼异常适应沙漠生活。它们有着宽大的、只有两只脚趾的脚掌，保证了它们在沙地上行走时不会陷进去。它们还长着坚硬的膝垫，用来跪在滚烫的沙地上。骆驼还长着长长的睫毛和控制鼻孔开合的强健肌肉，可以遮挡沙暴来临时扬起的沙子。它们能一次喝进 380 升水，并储存在胃里，这足够维持它们九天的生命。驼峰不是一个储水器，而是由脂肪构成的，能够帮助它们在没有食物的情况下存活很长一段时间。

为食。它们没有眼睛，也没有外耳，因此当它们掘洞并追击猎物的时候，不会受到沙子的伤害。一些动物，如骆驼、角羚和地鼠，用不着穴居来躲避沙漠的炎热，它们的身体能够承受住对人类致命的高温。

为了保持水分，沙漠哺乳动物的尿液浓度很高，含水量极少。昆虫和蜥蜴不排泄尿液，只排泄几乎不含水分的固体粪便。一些动物，如曲角羚羊、更格卢鼠和很多甲虫，从食物里获取身体所需的全部水分。鸟类一般依靠长途飞行寻找水源。大多数鸟巢位于荫蔽的地方，这样鸟蛋就可以免受灼热的沙地的烘烤。不过，沙鸡却亲自站在鸟蛋上方，用自己的影子使鸟蛋保持凉爽。它们还会飞到很远的水坑边，浸湿胸部的羽毛，让雏鸟吸吮其中的水分。澳大利亚的斑胸草雀只在大暴雨后，得以痛饮一番才进行繁殖。

沙质海岸的野生物

沙质海岸乍看上去一片荒芜——除非有游客才会熙熙攘攘。但是，如果你知道往哪儿看的话，你就会发现这里其实充满了生命。对生活在这里的绝大多数动物来说，它们的家园都在沙地之下。

沙质海岸看上去并不适合动植物生活。这里没有岩石，因此也就没有可供动物躲藏的石缝，也没有可供海草固定生长的地方。但是，这里有一个地点可供生物体躲藏并避开糟糕的自然环境，那就是沙地下面。

▲ 这片月牙形的沙滩看起来十分荒凉，但事实上在沙子下面，大量软体动物、甲壳类动物正在等待涨潮。

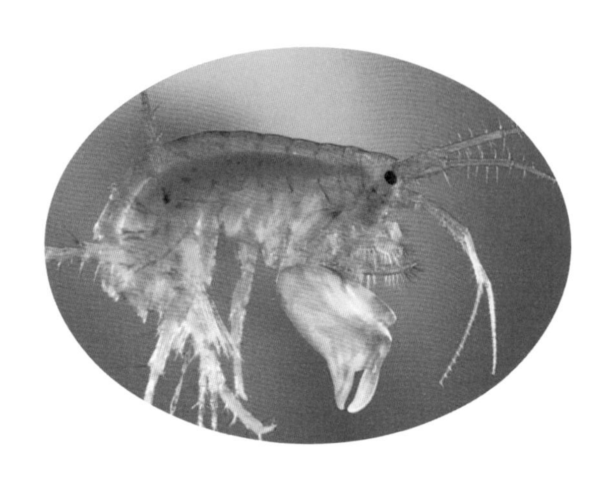

▲ 沙蚤是沙岸上的一种小型甲壳类动物。和其他只能在水中呼吸的海洋动物不同，沙蚤还能呼吸空气。这意味着它们可以到滨线上觅食，那里有它们喜欢的腐烂的海草。

沙岸上的几个区域

沙岸表现出明显的地带性分布，动植物只能在海水的高潮线之上或之下的一些特定区域内生息。虽然沙岸上的分布区并不像岩岸上的分界那么明显，但是沙岸也可以分为四个不同的区域，每个区域都有自己的动植物。这四个区域分别是靠近陆地的沙丘带、潮上带、潮间带，以及浅海带（或称近海带）。

潮上带位于高潮线和沙丘带之间。因为海水不会到达这片区域，不能给生物们带来食物，所以这里的生命很少。但是，有一些微小的生物，比如单细胞的原生动物、细小的线虫，以及甲壳类动物都以此为家。它们生活在渗透到沙地下几毫米深的一薄层海水中。

杂物的搁浅线

▲ 这种海底生物生活在管道里，管道是用黏液将沙粒和贝壳碎片黏合起来筑成的。这些管道可以长达25厘米，不过只有2～3厘米露出地面。

在潮上带与潮间带的交接处有一条链状区域，这里布满了古老的海草、贝壳，以及其他被潮水带来的废弃物。这条链被称为滨线，在这里我们能够发现各种各样的东西。

海边的游客如果仔细观察，就有可能找到旧的螃蟹壳、一两条死鱼、黄色的像纸一样的海螺卵鞘、“美人鱼的钱包”（鳐鱼和角鲨鱼的卵鞘）、海胆壳（空的海胆骨骼）、空的贝壳、被冲上海岸的水母、乌贼骨、被船蛆（这是一种穴居的贝类，而不是虫子）和蚀船虫（一种穴居的甲壳类动物）蛀穿的木头，甚至热带植物的种壳。几乎所有海里的东西，都能在滨线上找到。

隐藏的动物

当潮水来临，海水覆盖了看上去毫无生命迹象的沙滩，一群埋藏在沙地下面的动物便会爬出它们的藏身洞穴，或者试探性地伸出触手、体管或足。

说明

1. **孔雀虫**舒展开了王冠一样的漂亮触手进食。2. **维纳斯贝**通过两根短短的体管进食和呼吸。3. 在自己的“U”形管道中，**沙蠋**将沙子吸进去，汲取其中的精华，然后把废物排出去。4. **樱蛤**通过一条长长的体管进食并喝水，通过另一条体管排出废物。5. **面具蟹**白天埋在沙子里，夜晚才爬出来捕食小型生物。6. **毛翼虫**将羊皮纸一样的管道末端伸出地面。7. **心形海胆**通过伸出地面的竖直杆饮水，再通过地下的水平杆排出废物。8. **网纹织纹螺**向前滑行，搜寻腐肉。

在这里觅食的动物有成群的苍蝇、食腐的银鸥和乌鸦。在水草下面，有数不清的沙蚤和海蟑螂（一种生活在海边的土鳖）自由地进食。在它们中间，生活着一些土生甲虫，比如沙金龟（一种笨拙的、会飞的大型甲虫），它们以腐烂的海草为食。

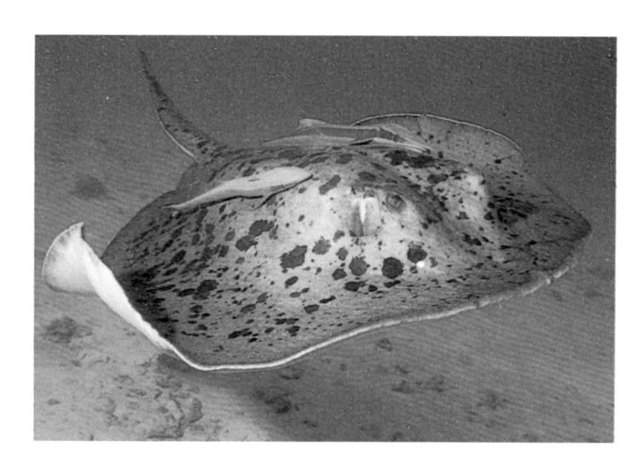

▲ 刺鳐来到沙岸附近的浅水中产卵。这条长着黑色斑点的刺鳐，在靠近沙地的地方低低地游着，它身上吸附着两条鲫鱼，正在等待着食物的碎屑。

在滨线下方每天经受两次潮水冲刷的地带，生活着许多生物。明智的生物都不会选择在沙滩表面生活，这样会暴露在干燥灼热的阳光和海风中，而且要经受潮水的冲刷。但是沙地下面就完全不同了。下面的环境与表面大同小异，但是可以避开潮水、外面的天气和高温的折磨。

海滩聚会

尽管乍一看上去不是很明显，但是在沙质海岸上面，从潮上带到轻轻拍打的海浪下，都生活着大量的野生物。

1. 滨草大面积延伸的根系具有固沙的作用，能够防止沙丘被海水侵蚀。
2. 像滨旋花这样的植物生长在沙丘之间。
3. 兔子经常在沙丘间掘洞。
4. 滨线是由累积的海洋垃圾组成的，其中包括连根拔起的海草、空的贝壳、被冲上海岸的水母、海星、“美人鱼的钱包”、海胆壳、海螺的卵鞘、乌贼骨、漂浮的木头等。它们都堆积在高潮线上。
5. 银鸥和乌鸦在滨线上以腐肉为食。
6. 沙蠋粪便——沙蠋的条状排泄物，在低潮线上十分常见。
7. 虾从沙子里钻了出来，随着潮水的来临捕捉猎物。
8. 玉筋鱼在沙子里的“游泳”技术和在水中一样好。
9. 欧鲽鱼和其他比目鱼在浅水中进食。
10. 沙蚕成了比目鱼口中的猎物。
11. 小鲈鱼躲藏在沙地中，直到虾虎鱼或者虾闯入它的猎食范围。
12. 成年鲈鱼通常在非常靠近岸边的地方觅食，海水仅仅能够盖住它们的脊背。
13. 燕鸥冲入水中，在靠近海面的地方捕食玉筋鱼。
14. 海豹出生在低潮线处的沙丘上。小海豹一出生就会游泳，潮水来临时可以待在海水里。

▲ 这种速度极快的沙蟹视力非常好。它们的眼睛包裹在眼柄的末端，拥有 360° 的视角。沙蟹有时会在沙质洞穴的“地板”上敲出鼓点，以此来吸引配偶或者警告危险的到来。

▼ 随着太阳西下，一只红海龟爬到了沙滩上。所有的海龟都会在相对安全的黑暗中上岸产卵。这只雌海龟用它的鳍状肢在沙地上挖了一个洞，并产下了 120 ～ 150 枚卵。

肥沃海岸上的捕食者

齿吻沙蚕在沙地中潜行，寻找小虫子和甲壳类，它们用自己可怕的颚来抓捕猎物。沙蚕则更喜欢腐肉，并用自己的螯粉碎生物的尸体。

穴居的普通海星会寻找埋藏在沙子中的双壳类动物。找到后，它就用管状足向双壳类动物的两瓣壳施加很大的力，强迫猎物把壳打开。然后海星会把自己的胃翻到体外，并将它塞进两瓣壳之间狭窄的开口。胃在壳里先消化猎物的软体，然后再包裹着食物收回体内。身长 4 厘米的面具蟹也是一种活跃的捕食者。当潮水来临，它就会躲藏在沙子下面。它那两条长长的、多毛的触手可以交缠在一起，形成管状，埋在沙地下的面具蟹就通过这根小管呼吸。夜里，当潮水退去后，它就从沙子里钻出来，在低海岸和浅水中进食。

低潮时，海鸟会入侵潮间带，在整片浅层沙地中搜寻贝类、双壳类和虫子。潮水来临后，其他的捕食者也相继到达。虾从它们的洞穴里钻出来；鱼类，尤其是像鲆、欧鲽、孙鲽、鳎这样的比目鱼，以及年幼的大菱鲆、菱鲆，会在先前部队之后“洗劫”海岸。普通海岸蟹、梭子蟹和寄居蟹也会随着潮水的来临爬出来用餐。

◀ 各种鲨鱼，包括恐怖的大白鲨，都会到沙岸附近的浅水中进食。浅水的其他造访者还包括马蹄鲎。在春天的时候，数以千计的雌鲎爬出大海产卵。雄鲎会一直跟随雌鲎，卵一产下来，雄鲎就使之受精。

你知道吗？

搁浅的鲸

鲸、海豚和鼠海豚在海岸附近时，有时会晕头转向，搁浅在海滩上。它们会向海滩的方向游去，潮水退去后就留在海滩上。有时它们的方向感特别差，甚至当救援人员帮它们保持湿润并将它们送回大海以后，它们还会一次又一次地搁浅。有时候，失去了方向感的鲸会游到河水中。曾经有一条小须鲸游到了泰晤士河里，它最终搁浅时，距离大海已经有 80 千米远了。

▲ 几头长鳍领航鲸搁浅在了塔斯马尼亚的一片海滩上。有些领航鲸得到了营救，但是一旦搁浅，它们的肺常常会因庞大身躯的压迫而导致损伤。

植食性动物

潮间带也有不外出捕食的动物，它们都是植食性动物，直接从海水或者沙地里的有机物中摄取所需的营养物质。心形海胆 (一种穴居的海胆) 能够用它们那独特的勺子形状的刺，朝下挖出约 20 厘米深的洞。在内壁涂有黏液的洞穴里，它们用身上的另一些刺从沙粒中刮取食物，同时将长长的管状足作为呼吸和排泄通道。它们成群地生活在低潮线附近，在这些地方，一些约 13 毫米宽的不规则的星形小洞暴露了它们的位置。

最重要的一群植食性动物或许是双壳类动物，包括鸟蛤、樱蛤和竹蛏。它们会用粗大有力的足向沙子里掘洞。鸟蛤生活在地面以下很浅的地方。当潮水涨起来的时候，它们会将一半身子钻出沙地，让短短的体管够到水面。它们用体管从海水中滤食有机物并排出体内的废物。其他穴居的双壳类动物也采取相似的生存策略，不过大多数双壳类动物的洞都比鸟蛤的洞深。樱蛤也通过体管进食，但它们并不是从

沙丘上的生物

海滩上方的沙丘带很不适合生物生存，但是有一些特殊的植物，比如滨草，可以在这里大片生长。滨草广泛延伸的根系使它们具有固沙能力，能够防止沙丘被侵蚀。离海水最近的沙丘上可能只长着一层稀疏的滨草，但是离海较远的沙丘看起来就像低矮起伏的小山，上面覆盖着茂密的灌木。滨旋花、高麻和一些蘑菇也能在沙丘上立足。

像蜘蛛、泥蜂、蚱蜢这样的小型动物都生活在草丛中。许多种类的蜥蜴，如图中这只怀了孕的沙蜥，完全能够适应沙丘中的生活。它们以同样生活在这里的各种昆虫和其他小型动物为食。

野兔通常穴居在沙质土壤中。狐狸和刺猬也可以在这里找到充足的食物，它们有时甚至会在夜里到滨线附近觅食。鸟儿也在沙丘上筑巢，尤其是云雀、燕鸥和海鸥。

海水中滤出食物，而是直接从沙地中摄食有机物颗粒。

虫子是另一类重要的植食性动物。最容易找到的可能是沙蠋，它们生活在内壁涂有黏液的U形管道中。沙蠋会把沙子吸入自己的洞中，并把可食用的部分消化掉。其余未消化的沙子则被排出洞外，形成意大利面条似的小堆。

海岸悬崖的野生物

一些顽强的植物和动物紧紧依附在陆地的边缘，忍受着猛烈的浪花和恶劣的天气的折磨。在这种恶劣的环境下，它们一代一代地繁衍生息。

几千年来，海岸悬崖一直被海风和海浪恣意侵蚀着，成为环境恶劣、与世隔绝，而且毫无遮掩的场所。海岸悬崖承受着强劲海风和浪花的冲击、雨水和霜冻的侵蚀，以及灼热阳光的炙烤。海水无情地吞噬着海岸——不管海岸上的岩石是砂岩、白垩，还是坚硬的花岗岩。不过海岸岩石的类型影响着它们被侵蚀的速率。海岸悬崖有的险峻，有的陡峭，有的倾斜，有的布满断层和褶皱，它们为这里的野生物提供了多样化的栖居环境。决定在悬崖上安家的动植物，都必须做好克服艰苦的自然条件的准备。所以，生活在悬崖上的生命都是能够对恶劣环境不屑一顾的高手，汹涌的波涛、狂虐的海风以及咸腥的浪花对它们来说不值一提。它们还要善于充分利用有限的生存空间。

▲ 狐狸经常漫步到悬崖顶上。它们四处嗅着，寻找小型哺乳动物、野兔、鸟蛋，以及死去的海鸟的腐肉。

▲ 这些海岸边的野花形成了一道美丽的风景。在英国的彭布鲁克海岸国家公园里，海石竹、剪秋罗属植物和荆豆在红色的砂岩悬崖上繁茂地生长。许多悬崖植物的长势都比较低矮，它们像地毯一样铺满悬崖地面，这是为了对抗猛烈的海风。

那些甘愿在如此恶劣的环境中安家的悬崖生物数量惊人。有一些生物定居在悬崖顶端，有一些则生活在悬崖脚下的海水中，有一些生活在共生岩石和海蚀洞中，甚至还有许多生物居住在崖壁上。

峭壁上的植物

海岸悬崖的岩石上点缀着一层厚厚的、毛茸茸的、斑斑驳驳的地衣和苔藓，它们的颜色多种多样，有黄色、黑色、灰色、绿色等。有一种黑色的地衣甚至能生长在水线之下。

在那些堆积了少许土壤的岩石裂缝和岩脊上，开花植物找到了立足之地。大多数在没有遮蔽的悬崖上生长的植物都很低矮，它们会形成一大片“地毯”或“垫子”，以增强防风能力，并帮助保持水分。圣彼得草从看不到土壤的狭窄裂缝中发芽，它们用自己长长的根须从裂缝的深处获得水分。这种草对高盐度有着很强的耐受能力，因此在悬崖的各个高度上，都能找到它们的踪迹。

在崖顶和岩脊上，海石竹长成了一片粉红色的“地毯”。它们对盐分有很强的耐受能力，因此，它们在各个海拔高度的悬崖表面上都能生长。

还有一种剪秋罗属植物也形成了一片低矮的“地毯”，并以此对抗强风的侵袭。甜菜和辣根菜在覆盖着鸟粪的悬崖上大量生长。岩蔷薇和野百里香生长在靠近崖顶的地方。在悬崖后面的地带，通常长满了石南、荆豆，以及其他的灌木和草本植物。

喧闹的动物

任何一种生活在陆地上的动物，都有可能走到陆地的边缘。足步稳健的野山羊会在陡峭的岩石上敏捷地跳上跳下，绵羊会走到悬崖边上吃草，田鼠和其他的小型哺乳动物会在崖顶的灌木丛中跑来跑去。像狐狸这样的动物也是海岸悬崖上的常客。夏天，蜥蜴和蛇在沙质斜坡上晒太阳，蝴蝶和其他昆虫翩翩起舞，嗡嗡作响。海鸥会在悬崖顶端筑巢，在繁殖季节里，海雀也在这里建筑巢穴。

在崖壁上，昆虫、蜘蛛和其他无脊椎动物在覆盖着植物的破碎岩石上生生不息。但是除了鸟儿，这里几乎没有较大的动物。

许多鸟儿都成群地在崖顶、岩脊，以及崖壁上的裂缝中筑巢。同一片悬崖栖息地上通常居住着好几种鸟类，而且鸟儿们的数量多得惊人，所以这些地方常常显得异常嘈杂拥挤。

悬崖边的生命

在遥远的海域，那些出海远航又飞回地面进食的鸟儿，会为自己选择适宜的繁殖之地，而且通常会以可观的数目成群繁殖。

▲ 大自然的作用，比如海浪侵蚀，会制造出很多与悬崖主体分开的高高的石柱。图中，三趾鸥乘风飞到了英国诺森伯兰郡的这片“悬崖柱”上。塘鹅、鸬鹚和其他的鸟儿也经常在这种高高的石柱上筑巢。

海鸽在竖直的悬崖上成群地繁殖。它们在狭窄的岩脊上摩肩接踵地站在一起，每只成年海鸽都孵着一枚蛋。海鸽没有巢，但是它们梨形的蛋非常安全，这些蛋只会在原地旋转，所以完全不必担心它们会滚下悬崖。当小海鸽长到两三周大的时候，它们就会径直朝下飞向海面。刀嘴海雀也在悬崖上寻找岩石洞穴，它们会产下没有“防滚落”功能的蛋。暴风鹱会在光秃秃的岩脊上产下一枚白色的蛋，有时候雌鸟会在石质较为松软的悬崖表面刮擦出一个小洞来放置自己的蛋，或者直接使用某些被风侵蚀出来的小洞。

三趾鸥会在陡峭的崖壁上用灰泥建巢。通过这种技巧，它们可以成功地居住在连海鸽都挤不下的狭窄岩脊上。以昆虫为食的红嘴山鸦喜欢用它们那尖尖的、弯曲的鸟喙，在崖顶的草皮中觅食蚂蚁。

像海雕和游隼这样的猛禽则在遥远的海岸悬崖的岩

▲ 海雕喜欢在突兀的大块岩石上用木棍建造巨大的巢。白腹海雕生活在南亚和澳大利亚的热带海岸，图中这只白腹海雕在澳大利亚西部的德克哈托格岛上筑巢，它有一只很大的雏鸟要喂养。

你知道吗？

海蚀洞

海风和海水会在悬崖上侵蚀出海蚀洞。这样的洞穴会吸引一些生物来此栖居，比如海豹和蝙蝠就常把这些洞穴作为藏身和生育之地。像三趾鸥、原鸽、南美红腿鸬鹚这样的鸟儿，也可能会在这里寻找掩蔽之地和安全的繁育场所。

▲ 在秘鲁附近的一座岛上，洪氏环企鹅和秘鲁鲣鸟做了邻居。洪氏环企鹅有时会生活在海岸悬崖脚下的岩洞里。

◀ 红嘴山鸦是一种生活在海岸悬崖上的鸟儿，它们长得有点儿像乌鸦，足和喙都像在红色颜料里染过色一样。在空中，红嘴山鸦轻盈而敏捷，它们可以轻松地驾驭暴风和气旋，在悬崖上方自由飞翔。在求爱过程中，红嘴山鸦会先在飞行中进行“杂技”表演，然后再展示自己在裂缝中筑巢的本领。

脊和洞穴中筑巢，并猎食海鸟和栖居地中的其他动物。大贼鸥在悬崖周围盘旋，掠夺猎物——它们既会偷袭没有成年鸟保护的海鸥幼鸟，又会在半空中直接从其他的鸟儿那里抢夺猎物。

鹲在热带岛屿上的悬崖洞穴中寻找巢穴。巴塔哥尼亚锥尾鹦鹉经常到海岸悬崖的崖壁上挖洞为巢

在水下

生活在深水中的动物，比如姥鲨，会游到没入水下的悬崖边。海豹在悬崖下的海水中摆动身体，它们威胁着像绿鳕这样的鱼群，而绿鳕会到悬崖下的岩石地面上觅食甲壳类动物和鱼类。

◀ 地中海僧海豹曾经在地中海的温暖海水中大量繁殖。后来，旅游业的繁荣使游客络绎不绝，僧海豹被迫离开了自己的繁殖海岸。今天，所剩无几的僧海豹只好在水下的洞穴中寻找安全的生育之地。

◀ 这种身子圆滑、双颌有力的康吉鳗能长到2米长。在夜晚，它们是冷酷的捕食者，可以对海床上的任何动物发动无情的攻击。

珊瑚礁中的野生物

在熙熙攘攘的水域中，珊瑚礁就像一片生机勃勃的绿洲。不过，它周围的海水缺乏营养物质，相对比较贫瘠，就如同水中的热带雨林一样。珊瑚礁中充满了野生物，它的四周也布满了林林总总、异常复杂的生物群落。

珊瑚礁散布在热带海域中，在阳光常年照耀下，那里浅浅的海水异常温暖。珊瑚礁是世界上最富饶的生物聚集地之一。世界上最大、最有名的珊瑚礁是澳大利亚海岸附近的大堡礁，这里生活着 1500 多种鱼类，并有 400 多种珊瑚。

珊瑚礁主要有三种：裙礁 (也叫缘礁) 就像是从海岸延伸出来的水中的大陆平台；堡礁环绕海岸线，但被一片宽阔的水域与陆地隔离；环礁是潟湖四周的一圈珊瑚礁。

所有珊瑚礁都是由珊瑚 (珊瑚虫) 构成的。这种腔肠动物组成大小不同的群落，形态也与众不同。坚硬的、多石质的珊瑚虫是珊瑚礁的主要构造者。这些微小的动物持续不断地在自己周围分泌出石灰，从而形成一个活的珊瑚礁堡垒。珊瑚礁的大部分成分都是珊瑚虫碎片以及死珊瑚虫的骨骼，还有一些是贝壳和沙土。

珊瑚礁的分区

珊瑚礁可以分成几个部分。礁斜坡 (珊瑚礁的斜坡面) 可能平缓，也可能陡峭，上面的沟壑和露出地面的岩层将它堆叠成像平台一样。生长在这里的珊瑚虫根据深度和坡度的变化而不同。礁面 (珊瑚礁朝向海表的那一面。这儿阳光充足，海藻和珊瑚可以大量生长，并能吸引很多动物前来) 附近的水域不但活跃，而且富有特色。礁峰 (珊瑚礁的顶端) 在低潮时露出水面。礁原 (珊瑚礁上的大片平坦区域) 或潟湖 (珊瑚礁中的湖泊) 包括一些含有零碎礁石的珊瑚砂区域、海草地和红树林。

丰富多彩的珊瑚礁

成千上万的水中动物在蜂窝状的珊瑚礁中寻找食物和藏身之地。众多鱼儿在珊瑚礁的孔洞和通道之间巡游，并随着珊瑚和海绵的流光溢彩蔚然而动。礁斜坡一直陡峭地延伸到深海中，那里有许多小卵石、大漂石、石块和深沟。巨大的食肉动物在深水中的礁石前，等待时机猎食那些游出珊瑚礁巢穴中的野生物。

①很多海鸟，像这只雄性军舰鸟，从它们珊瑚岛上的巢穴中侦察周围的水域。
②岩鹭在露出水域的礁峰（珊瑚礁的顶端）上筑巢，并监视水塘中的动静。
③海豚正在纵身跳跃。
④一群雀鲷在珊瑚岬的四周捕食浮游生物。
⑤一条凶猛的护卫自己领地的金蓝色天使鱼正在吞食长满海藻的碎石。
⑥鹦嘴鱼在浅水中漫游，从死亡或活着的珊瑚礁上刮食海藻。
⑦这条刺尾鱼尾巴上的鱼脊像弹簧刀，身上长有橙色斑点，它以海藻根和碎石为食。
⑧蝴蝶鱼在它们的领地中吃海藻、珊瑚虫和甲壳类动物。
⑨这条皇冠扳机鲀沿路觅食甲壳类动物、海胆及带刺的海星。
⑩色彩斑斓的雄性热带箱鱼靠分泌有毒黏液来保护自己。
⑪河鲀用它那像鸟喙一样的牙齿来嚼碎软体动物、海胆和螃蟹。
⑫珊瑚鲑鱼正在等待黄昏来临，每当这时，珊瑚礁中那些丧失警惕的鱼儿就会成为它的猎食目标。
⑬这种食肉的像笛子一样的鱼在水中安静地倒悬着，倾斜成一定角度。它正等着猎物游进它那可以扩张的嘴里。
⑭一条小丑鱼在一个大海葵刺一样的触须中寻找庇护之所。
⑮鸡心螺、螃蟹和海葵附着在珊瑚礁上。
⑯蓑鲉一动不动地等待着猎物游进它的血盆大口中。
⑰这种色彩绚丽的裸鳃亚目软体动物在珊瑚上滑动，以海绵为食。
⑱这条凶险的、似乎正露齿而笑的海鳗从岩缝里虎视眈眈地看着外面。
⑲绯鲵鲣通过敏感的触须寻找泥沙中的虫子、软体动物和甲壳类动物。
⑳鹰鳐掠食海底的蛤和其他软体动物。
㉑一群身子圆滑而贪婪的梭鱼潜伏在隐蔽处。
㉒白鳍鲨在深水里巡游，它有时会攻击珊瑚礁中的其他生物。
㉓海参把沙吞进肚子。等到吸食了沙里的营养物质后，再把沙排出体外。

1
2
3
4
9
10
6
5
18
11
17
23

白天和黑夜

珊瑚礁中的动物，无论是吃浮游生物的、吃海藻的、吃虫子的、吃软体动物的，还是完全吃肉食的，都可以被分为两大类：白天活动的动物和夜晚活动的动物。

白天，无数闪闪发光的鱼儿在珊瑚礁上组成了一种光彩夺目的壮观景象。有一些鱼，像众多雀鲷，它们的身体在浅滩处发出微光，并在珊瑚岬上觅食浮游生物和海藻。一小群一小群的拟花鮨，虽然身体微小，但却色彩艳丽，它们也以浮游生物为食。其他一些鱼类，如河鲀，则喜欢独来独往。河鲀在浅水中巡游，用像鸟喙一样的嘴敲碎并猎食螃蟹和软体动物。它们还会让身体膨胀得像气球一样，防止捕食者的袭击。以草和水藻为食的鱼，像鹦嘴鱼和

你知道吗?

洗刷一新

大大小小的鱼儿都到霓虹刺鳍鱼的“清洁站”里彻底清洁身体。这些小鱼飞快地游向顾客，帮助它们清除鳞片和鱼鳃里的真菌、寄生虫和脏东西。它们还会直接游进大鱼张开的嘴里，就像图中这条珊瑚鲑鱼，等鱼鳃清洁干净后，它们又通过鱼鳃游离而去。

▲ 在月光、水温和潮汐的引发下，这些紧紧相邻的珊瑚虫同时释放出大量的精子和卵子，形成一层能够生产新的珊瑚幼虫的液体。

刺尾鱼，当它们从珊瑚礁上游过时，看起来就像一群庞大的海底羚羊。像鲸、海豚和海龟这些比较大的海中动物，可能会偶尔造访珊瑚礁周围的水域；而像狗鱼这种巨大的食肉鱼，则是在追逐那些冒险游入礁面附近开阔水域中的鱼儿时，才会闯进珊瑚礁的水域。儒艮（一种形状像鲸的海兽）专门吃一种长在珊瑚礁的浅水区中的海草。

夜晚，食草的鱼群们在垂悬的珊瑚礁下或者罅隙和裂缝中睡觉。以浮游生物为食的雀鲷在珊瑚礁的褶皱中相互依偎。勇士鱼和其他夜间活动的生物却从它们白天藏身的洞穴里冒险出来活动。龙虾慢吞吞地觅食腐肉；海胆一边沿着珊瑚礁游动，一边吞食海藻；海鳗和其他猎食者

◀ 在所有生活在珊瑚礁中的濑鱼中，这种毛利隆头濑鱼是最大的一种，它身长2米多。只有那些生活在珊瑚礁边缘深水中的大型品种才会在头上长出隆起的肉团。

◀ 一条负责做清洁的小虾用它的触须吸引鱼儿。当一条鱼游过来时，它就会爬上去吃那条鱼身上的黏液，这样就能除掉那条鱼身上的寄生虫和细菌。

成群的小红鱼白天躲在珊瑚礁的洞穴和岩石裂缝里，晚上则睁着大大的眼睛搜寻猎物，如甲壳类动物。

剃刀鱼（也称条纹虾鱼、刮刀鱼）像银色的刀片一样悬浮在海水中。它们头朝下，深深埋在海鞭（珊瑚的一种）的带状丛里。在珊瑚礁那危险的水域里，很多物种都用伪装的方式来保护自己。

也趁夜色出来觅食。

许多以浮游生物为食的动物出现了。海星摇动着臂膀捕捉微小的浮游生物；海羽星展开像羽毛一样柔软的触须，抓捕细小的食物碎屑。夜晚也是大多数珊瑚虫外出进食的时间。它们顺水漂流，微小的触须不停抖动、攫取身边的食物。

冻土地带的野生物

在地球遥远的南极和北极地区，生活着许多耐寒的动物和植物。它们利用各种各样的生存策略，来抵御严酷的自然条件。

尽管南极和北极各自在地球的两端，但它们都荒凉而寒冷。在这里，几乎整日吹着寒冷的风；气温在零摄氏度以下，而且由于极夜的关系，南极和北极每年几乎有一半的时间都处在黑暗之中。

北极圈的野生物

北极的大部分地区都覆盖着厚厚的冰层。在一年之中的许多个月里，海洋都是冰冻的。北极附近那厚厚的冰层和雪地，覆盖着斯堪的纳维亚半岛、西伯利亚、格陵兰岛、加拿大和阿拉

▲ 北极熊是游泳高手，它们的皮毛富含油脂，感觉不到水中刺骨的潮湿，它们可以在冰面上迅速地运动。

斯加州的北部地区。这里夏季短暂，冬季却寒冷、漫长、黑暗。

尽管北极熊大部分时间都待在水中，但它们是陆地上最大的肉食动物。北极熊的食物主要是海豹和海象，它们一般单独猎食，只有在交配期间或者当雌性北极熊哺育幼仔时，才会聚集在一起生活。怀孕的北极熊会一直待在冰洞中，直到冬季结束、小北极熊诞生在冰洞中。

为了保持体温，北极狐长着厚厚的皮毛。它们的口鼻都长得很短，耳朵也很小，因为这样才能减少热量的流失。它们生活在洞穴中，但也会出来寻找腐肉、啮齿动物、鸟类、蛋和野兔等食物。

空中的捕食动物有秃头鹰和贼鸥。许多海雀，如角嘴海雀、海鸠、刀嘴海雀、小海雀，它们也是在繁殖的时候成群地聚集在一起，而且大多数都在海上过冬。

北极除了鳕鱼、鲱鱼和鲑鱼，几乎没有其他鱼类。生活在这里的因纽特人把一串串的鱼包裹在湿湿的海豹皮和其他被冻结的食物中，用来喂

你知道吗?

海中的金丝雀

白鲸曾经被水手们称为“海中金丝雀”。它们在水下发出的声音，有很多不同的音调，而且这些声音在水面上也能听到。和其他鲸不同，它们还能够旋转脖子，四处观察。

▲ 向前冲刺、捕食的驼背鲸，翻搅着南极的水面。它会用嘴吹出一圈气泡包围磷虾，然后张嘴向前冲刺，再吞食磷虾。

养拉雪橇的狗。

这里还生活着大量的海洋哺乳动物，尤其是格陵兰海豹、环斑海豹、港海豹和冠海豹。它们主要以鱼类、贝类和鱿鱼为食。海象成群地聚集在一起，一天中的大部分时间它们都在冰上睡觉。滤食的鲸，如北极鲸，通常会捕食在冷水中大量繁殖的甲壳类生物。猎食的鲸主要捕捉软体动物、鱼类和海豹。

苔原上的野生物

随着向北极地区的靠近，森林在逐渐消失。以矮小的柳树、桦树和针叶树为主的森林，渐渐被生长着莎草、灯芯草、多年生草药、灌木丛、苔藓和地衣等低矮植被的广阔平原取代。这片土地被称为苔原。

苔原的地表是长期冻结的，被称为永久冻结带。这使优良的土壤不易流失，但植物的根也很难穿透它。地表浸满了水，在冬季冻结，夏季解冻。

在沼泽地中，生长着大量的莎草和灯芯草；在排水良好的地上，生长着低矮的柳树和桦树。冬天，苔藓躲藏在厚厚的积雪下，逃避寒冷的天气。夏天，有一两个月的时间，太阳会高高地升在空中，冰雪融化，植物们开始生长、开花。

在短暂的夏季，苔原地带充满了旺盛的生命力。在沼泽地表，有大量的蚊子和苍蝇繁殖。象鼻虫、跳虫、大苍蝇、蜣螂、蜘蛛、石蛾等，组成了一个热闹的昆虫王国。在池塘和湿地中，生长着大量的甲壳类动物、水栖昆虫、鱼类和植物。

这一切都为鸟儿们提供了丰富的食物。每逢夏季，鸟儿们就迁徙

▶ 极地松鼠腰部直立，巡视着广阔的苔原。尽管它们很多时候都在冬眠，只在短暂的夏季才会露面。但是，它们仍然是饥饿的狐狸、狼、鹰、灰熊，甚至因纽特人的猎物。因纽特人用极地松鼠厚厚的皮毛缝制温暖的皮大衣。

到这里来繁殖后代、饲养雏鸟。把幼鸟儿喂养大后，成群的鸭子、天鹅、鹅、珩科鸟、矶鹞，以及其他的涉禽（趾间有少量蹼，腿细长，适合在浅水中行走的鸟类，都被称为涉禽），很快又会飞回南方。

驯鹿和北美驯鹿群也会向北来到苔原地区，享用这里的芬芳植物。它们的蹄子又宽又平，并且有深深的裂缝，这便于它们在冰雪地上行走，并支撑身体的重量。北极狼也会追逐驯鹿群，据说它们的嗅觉比人类的嗅觉灵敏 100 多倍。

贼鸥和旅鼠
贼鸥在海上过冬，夏天的时候，则到苔原地上繁殖。它们捕食旅鼠。当旅鼠的数量很多时，贼鸥就能大量繁殖。

对峙
一群麝牛紧紧地站成一圈，它们的牛角冲着攻击它们的北极狼。小牛犊被保护在圈中。

到处都是鹿角
夏季，大群北美驯鹿迁移到北方产仔，并以积雪融化后露出地面的苔藓为食。雄鹿和雌鹿都长着鹿角。

另一种鹿
驼鹿（欧洲麋鹿）涉水而来，觅食水生植物。它们的幼仔有 1/3 都会被狼和其他肉食动物吃掉。

潜鸟的湖
红喉潜鸟，在一些候鸟身旁喂养它们刚孵化出来的小鸟。

昆虫密布
蜻蜓、墨蚊、石蛾、蚊子在空中飞舞。

苔原的奇迹

夏天，在遥远的北极地区洋溢着生命的气息。昆虫们忙着在积雪融化后的池塘中繁殖，同时它们也成为鸟儿们的食物。在苔原地表，水杨梅、勿忘我、蓝海葵、加拿大山茱萸、羽扇豆和虎耳草织成了一张地毯，装点着这片土地。

大开眼界

海市蜃楼

除了北极光，北极还有一种很少为人所知的大气现象——海市蜃楼。当光波穿越温度变化非常大的大气层时，就会产生这种“海市蜃楼”现象。每当这时，远远的天边就会呈现出一个模糊的城市轮廓的景象。

移动的刚毛

一头美洲豪猪像一个毛球似的在一棵树上移动。夏天，它通常吃树根、浆果、鲜花和种子。

鸮鸟宝宝

拉普兰鸮在灌木丛和矮树中产下雏鸟。冬天，它们会加入大群的雪鸮中。

晨夕恐怖行动

旅鼠是雪地猫头鹰最喜欢的猎物，它们经常在黎明或黄昏时分被抓住。雄性的雪地猫头鹰全年都是白色的。

高空转体

北极野兔长着一身洁白的皮毛，它们聚集在一起嬉戏。它们经常后腿着地单腿蹦跳，这可能是为了视野更加宽阔吧。

冰河中的狐狸

红狐能够适应大多数环境，包括在北极苔原地带生存。

凶猛的暴食者

狼獾（体形最大的黄鼠狼）非常凶猛，它甚至能够抢走灰熊的晚餐。

蘑菇捕食者

北极松鼠是为数不多的冬眠哺乳动物之一。

南极圈的野生物

在南极圈的边缘地带，也生活着大量的野生物。大量的鸟儿和海豹在海岸和海滩上筑巢定居。在这片广阔的冰层覆盖的大陆中心，只有一些苔藓、地衣、微生物和跳虫能够生存下来。

南极洲是企鹅的王国。帝企鹅和阿德利企鹅的身上，有一层厚厚的脂肪，并覆盖着浓密的像皮毛一样的羽毛。它们非常适应这里的寒冷气候，擅长捕食水中的鱼和磷虾。生活在南极的

渡鸦的避难所

渡鸦耐寒而灵巧。在许多关于北极地区的神话中，都有它们的影子。传说它们相互之间可以用 23 种不断变化的叫声进行交流。

斑驳的食肉动物

虎鲸猎食鱼类、海豹和鲸，有时还会吃下一只孤单的北极熊。它们在猎食的时候，一般成群聚集在浅海湾或者河口处。

海豹俱乐部

上千只格陵兰海豹聚集在一起繁殖后代。它们在夏季向北迁徙，冬季返回来，在冰面上生产。

从北到南

北极燕鸥每年都飞到南极的海岸去过冬。它会拼命保护自己的蛋和雏鸟不会受到捕食者的伤害。

白鲸

白鲸以家族的形式生活在一起。雌鲸会带着几只不同年龄的幼鲸，雄鲸与雌鲸在一起抚养后代。

獠牙的威力

海象会潜到浅海中捕食软体动物和甲壳类生物。獠牙既是捕食的武器，也是掘冰的工具。

白熊的领地

在北极的冰面上，一只北极熊正在通气孔旁边等待着，准备随时袭击突然从水中冒上来换气的海豹。在附近，海豹们正在冰块上悠闲地游荡，鹰和渡鸦在空中鸣叫。而在冰冷的水中，鲸、海象和海獭都在水下搜索它们的猎物。

北极的鸟

饥饿的秃头鹰在大片的浮冰上高高盘旋，寻找食物。它们啄食腐肉，也经常攻击海鸟和鱼。

白色捕食者

北极熊特别喜欢捕食环斑海豹和海象。有时，它们甚至能够捕获在浅海中迷失离群的白鲸。

家庭

一头雌性北极熊跟在它的幼仔身后。当海面结冰时，为了捕食海豹，北极熊能够在冰面上行走好几千米。

绝不浪费

北极狐能够在 -50℃的环境中生存。为了能够吃到北极熊吃剩了的海豹肉，它会跟随着北极熊翻越流冰群。

海雀

小海雀往往会聚集在磷虾成群的地方。它们以甲壳类动物、蚯蚓和软体动物为食。

海獭

海獭一度曾因被猎杀而濒于灭绝。现在，它们已经被保护起来了。它们以海胆和软体动物为食。

其他鸟类还有信天翁、山地雁、雪海燕、贼鸥、船鸭、鸬鹚、海鸥等。

因为在冰冷的海水中有高浓度的溶解氧，所以在南极南边的海洋里漂浮着大量的海藻。磷虾是南极洲食物链的中心，它们会吃掉大量的海藻（浮游植物），而海鸟、企鹅、鱼，甚至海豹和鲸，则会吃掉大量的磷虾。

在全世界，食蟹海豹的数量是海豹中最多的。它们能用那特殊的牙齿，将磷虾从水里叼出

▲ 成年南极磷虾是南极的主要食物源。这些像小虾一样的甲壳类动物大量生活在冰冷的水中。鸟、鱼、海豹和鲸都以它们为食。

▲ 海狗、象海豹、帝企鹅，共同分享着信天翁岛的海滩。在南极边缘的海岸或者海滩上，可以看到大量的南极生物。

▲ 一只巨型海燕杀死了一只山地雁。这种健壮的鸟经常以腐肉为食，像冲上岸的鲸、死海豹，以及美洲海豹吃剩的企鹅的鳍和头。

▲ 美洲海豹是南极最凶残的食肉动物之一，它毫不怜惜地盯上一只阿德利企鹅，当这只海豹在水面上捕获了企鹅后，就会剥掉它的皮，吃掉它的脂肪和肉。

来。蓝鲸的重量可以达到 130 吨，它们在一天之内可以吃掉约 4 吨磷虾。

海狗 (也称皮毛海豹) 属于海狮类动物，长着浓密的皮毛。其实真正的海豹，毛都很少，它们是靠皮下厚厚的鲸脂来抵御严寒的。

许多鱼类生活在南极附近，如南极鳕鱼，但它们实际上和真正的鳕鱼并没有什么关系。在它们的体内，有一种抗冰冻物质，这使得它们能够在 –2℃的海水中生存。

山上的野生物

在不同的大陆与大陆之间，在大陆不同的山脉之间，在山脉不同的坡度之间，生活着不同的野生物。但是，所有的山地植物和动物，都已经很好地适应了高山上的生活。

山上生长的植物是由地面到山顶的气候变化决定的。山上的植被呈垂直带状分布，不过它们的界线通常也是模糊的，一种类型的植物往往会延伸至另一种类型的植物中去。彼此相邻较近的山脉都有着相似的植被。但是，由于气候不同，相同的植被带可能会分布在不同的高度。

东非的乞力马扎罗山上有几处典型的植被带。炎热的草原与山脚毗邻，这里生长着潮湿的热带雨林，大象在其中漫游，疣猴在林中吼叫。从森林往上走，会出现灌木和矮树丛。在林木线（树木停止生长的水平线）上，灌木丛带位于高山带，高山带位于林木线和雪线（山脉永久性地覆盖冰雪的高度）之间。在高山带上，生长着小型的、长速缓慢的地被植物。而生长在潮湿的迎风坡上的地被植物，又不同于生长在干燥的背风坡上的地被植物。沿着高山草地向上，又会出现多岩石的、覆盖冰雪的山巅。

另一方面，在攀登喜马拉雅山时，可能会经过亚热带雨林、常年落叶林，以及竹木林。在

山上的巨人

在肯尼亚山和埃塞俄比亚的塞米恩山区中，有一种奇怪的山地景观——白天受太阳炙烤，夜晚则被冰冻。像高大的野滥缕菊和千里光，都适应了这里的环境。千里光可能有6米多高，看上去就像一根树干上顶着一个多刺的甘蓝。当它们的叶子枯死后，就只剩下树干。树干上的复合层“外衣”，能帮它们保持温暖、抵御寒冷。巨大的半边莲有高高的、多毛的干。多毛的外表来自它们毛茸茸的灰色叶子，这些叶子形成一层空气绝缘层，帮助它们防止夜晚的霜冻。

在这片高坡上，黄色的金莲花、白色的像水仙一样的银莲花，以及紫色的老颧草，用它们艳丽的颜色和香气吸引着昆虫。在夏天里，当花儿们都开花之后，在种子落地过冬之前，高山草地会变成一片色彩的地毯。

海拔 2700 米以上，主要生长着松树、刺柏、竹子和尼泊尔杜鹃花。在海拔约 3600 米的地方，以微型植被高山草地为主。最后，高山草地又让位于光秃秃的岩石和冰雪。

山峰上的植物

高山植物在山坡上的裂缝和岩石缝中的小块土壤中立足。高山植被的种类通常都矮小，形似垫子，彼此紧紧挤靠在一起，如高山上的水杨梅和虎耳草。这样才能减少风的阻力，不管是面对偏转风还是藏身在裂缝中。山地植被都有深深的、向地下渗透的根系，能将它们牢牢固定住。在低矮的高山植被中，高山百合相对较高，但是它的茎柔韧，能在风中弯曲。

叶子和花瓣显示了它们对寒冷的适应范围。高山金牛花的茎叶多毛，能减少热量流失。许多植被含高油脂，能防止被冻僵。长速缓慢的高山植被会在根系中储存食物，战胜寒冷的季节。蜷缩在雪野下的植被，比起敞露在外的植被，能够更好地维持较暖和的温度。

山峰上的动物

只有真正坚强、机敏的动物，才能在野外生存下来，并将自己暴露在山峰顶坡之上。老谋深算的旱獭会在一年中最寒冷的时候冬眠；高原上的兔鼠躲藏在岩石裂缝中。鼠兔不冬眠，但是依靠夏天收集的干草生活，并用石墙来保护自己。野生山羊、岩羚羊、大角羊，以及其他野绵羊和野山羊，都会向较低的坡度迁移，躲避恶劣的冬天，并在低矮的山坡上寻觅可食的植物。

你知道吗?

高山上的闪光

每当日落，太阳靠近地平线，东边覆盖白雪的山峰就会开始经历一系列的色彩变化，这就是高山上的闪光点。橘黄色的光会变成玫瑰粉色，最后变成紫色。在西部山峰上，当太阳升起时，同样的颜色又会按相反的次序交替出现。

▶ 这只魁伟的野生山羊是一个脚步稳健、敏捷的登山运动员。从西班牙和北非，到阿尔卑斯山和亚洲，人们发现这种野生山羊有好几个品种。雄性野生山羊有长长的、弯曲的角，角的前部边缘呈锯齿状。母羊的角要细一些。

它们是稳健而敏捷的动物，能够跳上山坡，沿悬崖轻松跳跃着去吃壁上的草料。

生活在山上的哺乳动物，如山羊和喜马拉雅山上的藏羚羊，都长着蓬松的毛，能减少热量流失。牦牛裹着一层绝缘的、厚密的、垫子一样的皮毛，与骆马和小羊驼一样，它们的心脏和肺都比其他哺乳动物大，这是为了适应在高山上的呼吸。

大型的捕食动物很少，而且距离遥远，因为高山上的大型猎物稀少。在喜马拉雅山和中亚的山系上，稀有而漂亮的雪豹猎食低坡上的岩羊。生活在安第斯山脉的美洲狮猎食山羊和骆马，并会追随猎物向低矮的山坡而去。在埃塞俄比亚高原上，稀有的胡狼捕捉沼泽中的鼠类。

▲ 黑雕在多岩的非洲山脉上空滑翔，吞咽并搜索蹄兔和其他中等大小的哺乳动物。雌性黑雕每次会产两枚蛋，但是大一些的小黑雕通常会杀死较小的小黑雕。

高山上的飞行动物和爬行动物

鸟类很好地适应了高处的生活。羽毛为它们提供了高级的绝缘保护。强健的飞行动物，像金雕和黑雕，都能应付山巅周围的强风旋涡。它们会在大面积的山坡上觅食哺乳动物和其他鸟类。以腐肉为食的安第斯山秃鹰和欧亚地区的髭兀鹰，也能在山巅上高飞、滑翔。在珠穆朗玛峰上，人们还发现了红嘴山鸦。小型山地鸟类以昆虫和种子为食，其中有些昆虫和种子是被风从低坡处吹上去的。

有一些昆虫，像跳虫，即使在冰天雪地中也能生存好几年；而冰河中的跳蚤甚至能承受被短时冻结。岩石中的爬行昆虫没有翅膀，主要生活在日本、西伯利亚、北美的高海拔岩石裂缝和冰洞之中。它们以苔藓为食，也会觅食那些被风从低矮山坡携带到寒冷的高处，并被冻死的昆虫的腐肉。

冷血动物，像两栖动物和爬行动物，在寒冷的高山上都很稀少。高山欧螈和黑真螈都在欧洲高山上生存了下来。在喜马拉雅山的5000米高处，还发现了脑袋长得像蟾蜍的飞龙科蜥蜴。

▲ 狮尾狒成群生活在埃塞俄比亚的北部山区。一只庞大的雄性狮尾狒占据一群雌性狮尾狒和幼仔。它们在悬崖或岩石边缘上睡觉，每天早晨前往高坡草地吃草、种子、水果和昆虫。如果一只雄性狮尾狒把尾巴尖卷起来，并露出红色的下部，则是在表示友好。

喜马拉雅山脉

许多生物都居住在宏伟的喜马拉雅山脉上，从密布森林的山脚到白雪皑皑的山巅。

①以种子为食的白翅雪雀生活在高山草地和多岩区，它们生活的最高点在雪线附近。

②岩羊在山坡上漫游，搜寻小植物、草和地衣植物。如果受到威胁，它们会静静站立着，用色调阴暗的皮毛外衣伪装自己。

③斑头雁是世界上飞得最高的动物之一。在它们的迁徙路线中，要穿越巨大的喜马拉雅山系。

④雪豹是一种鬼鬼祟祟的动物，会突袭野绵羊、野生山羊，偶尔还会袭击家畜。

⑤野生山羊中最大的雄性捻角山羊，长着壮观的，像螺旋一样盘绕的角。

⑥小熊猫长约一米，包括它那浓密的，有环状斑纹的尾巴。不过，它比起矮胖的长有花斑的亲戚大熊猫要小得多。

⑦雄性和雌性暗腹雪鸡在灰色的岩石和雪地上，能够很好地伪装自己。

⑧藏鼠兔在高高的岩石山坡上生存了下来。它们已经适应了寒冷地区的生活，短短的耳朵，又小又圆的身子，能帮助它们减少身体热量流失。

⑨羚牛是身子短、矮壮、毛发蓬松，像牛一样的哺乳动物。夏天，数百只羚牛会聚集在山上吃草。

⑩成群的身体细长的生活在喜马拉雅山上的叶猴，分布在大面积的山坡上，直到海拔约3660米处的寒冷区域。

⑪一小群西藏野驴在高峰上流浪。当地人把这些野驴的粪便收集起来做燃料。

⑫蝴蝶，像华丽的不丹褐凤亚蝴蝶，在高山草地上的数量异常多。它们经常在强风气流的下面，在山坡上低低地飞着。

安第斯山脉上的荣光

在安第斯山脉上，生活着丰富多彩的野生物，从潮湿的高山稀疏草地，到安第斯山脉西坡上那贫瘠的高山植被（山间高原）。

①巨大的安第斯山秃鹰长着宽宽的翅膀，翅膀尖端的羽翅像手指一样。它们高高地盘旋在山巅上，搜寻腐肉。

②一群安第斯山火烈鸟飞过上空，脖子直直地伸展着，脚朝后拖着。它们生活在海拔 4000 米以上的盐湖区。

③在高坡上，一群小羊驼站在一起。小羊驼的羊毛柔软浓密，常被用来纺织高质量的外衣。

④在这片区域内，最大的捕食者是美洲狮。这个孤独的猎人也以山地狮闻名。

⑤南美野生羊驼是南美骆驼的一种，没有驼峰。它用与众不同的步伐走路。

⑥普亚菠萝属植物能长得很高。它们是最高的凤梨科植物，通常能长到 3 米高，其中一种能长到 9 米。

⑦蜂鸟，比如安第斯山蜂鸟和紫背刺嘴蜂鸟，都以低矮的草垫植被为食。

⑧南美栗鼠是像松鼠一样的啮齿动物，长有价值很高的皮毛。它那柔软浓密的银色皮毛帮它保持温暖，但也引来了人类的捕猎。

⑨稀有的巴拉圭狐狸在高坡上徘徊，搜寻肉食和水果。如果被敌人逼到绝路，它还会装死。

⑩眼镜熊是靠白色的眼圈和胸斑来识别的，它们生活在安第斯山区，却很少被人看见。

⑪爬行动物在山上很少见，因为它们需要温暖。高山上只有少数蜥蜴存活，比如多形平咽蜥。

⑫为了抵抗风力，高高的安第斯山上的许多植物形成了长速缓慢的地垫植被。葶苈藓和其他一些植物都生长在岩石间或者裂缝里。

山丘地带的动物

在全世界，生活在山巅上的野生物都很相似，比如草垫植被、又小又圆并且有毛的哺乳动物，以及巨大而敏捷的动物。但山脉低坡处却不太一样，这里受到了它们所在国家特征的影响。这些地方通常遍布各种林地，生活着研究高山动植物的专家，以及在高地边缘和低地环境中生活的生物。

山地大猩猩以家族的形式生活在刚果民主共和国、乌干达和卢旺达高高的林坡上。它们吃大量的树叶、水果。除了大量进餐，它们大多数时间都在睡觉。

热带山区有时候会笼罩着不变的云。这儿有美丽神秘的雨林（雾林），里面生长着丰富的蕨类植物、地衣，以及被潮湿茂密的苔藓点缀的矮树林。鲜艳的绿咬鹃生活在潮湿的中美雾林中。当雄鸟在树洞里定居下来后，它长长的尾巴就会伸出树洞，在树干外摇摆着，像蕨类植物一样，

▲ 在中国高山上的野外竹林里，大熊猫看上去并不像在动物园中那么可爱。实际上，它们看上去很胖，还有些脏。大熊猫是一种食肉动物，可是，由于它们喜欢咀嚼竹根和其他植物，因此人们认为它们是不吃肉的。

这为它提供了高级伪装效果。山地犀鸟通过有鼻音的、又大又空的叫声交流。雄性山地貘发出刺耳的、像口哨一样的尖叫声。

在中国西部的竹林里，大熊猫在漫游。小熊猫也生活在那儿，这是一种食肉动物，主要以竹根、根和植物为食，有时也吃其他动物的蛋和昆虫。

大开眼界

多刺的豪猪

在意大利中部多岩的山上，冠豪猪在夜晚出现，觅食水果、植物的根茎和鳞茎。在面对敌人时，喜马拉雅山上的豪猪就会用它的背部对着敌人，并迅速转身，挥舞身上的钢刺。

草地中的野生物

在每一片大陆上，都有一些开阔地带，生长着各种各样的青草和草本植物。这些平原上的植被，为成群的食草动物和它们狡猾的天敌，提供了掩蔽之所和食物。

在世界上的森林和沙漠之间，是辽阔的草原地带。这些草原地区总是面临不规则的降雨和干旱的威胁。草原主要有两种类型——热带草原和温带草原。生长在这些环境里的草本植物，就是解答为什么能在这些平原地区发现丰富的动物的关键之处。食草动物直接以植物为食，食肉动物、食腐动物、腐生菌又以食草动物为食。

温带草原

温带地区的草原夏季炎热，冬天寒冷，全年降雨量都很少。地表上覆盖着矮草草甸。在这张绿色的地毯上，很少能够看见乔木和灌木。

▲ 一头食蚁兽在南美大草原上漫游，通过嗅觉寻找地洞中的蚂蚁。它们很乐意啜食委内瑞拉草原上的木蚁，但通常会避开口器尖锐的白蚁。

▲ 图中这头少年印度羚正在和一头深色成年雄性印度羚打架。在干旱的印度草原上，占统治地位的雄性印度羚会建立自己的领地，并成为一群雌性印度羚、幼仔和处于从属地位的雄性印度羚的首领。

北美大草原是一片辽阔的平原，草地宛如波浪起伏。今天，它们都是大面积的农业区，上面种植着农作物。但那儿仍然有一些天然草地，在这些草地上仍然有一些典型的草原植被和动物生存着。

欧亚大草原从匈牙利开始，穿过俄罗斯南部地区，一直延伸到中国境内，长达3000千米，形成了世界上最大的温带草原。这些青草连绵的辽阔平原是高鼻羚羊们的家园——这是一种看起来样子很可怜的古老的羚羊。大草原上的青草和其他植物，为成群的高鼻羚羊和其他像田鼠、仓鼠、金花鼠(生活在洞穴中的一种地松鼠)这样的小型哺乳动物提供了食物。大草原上的食肉动物包括浅褐色艾鼬，它们会在夜间出来猎捕仓鼠和金花鼠。大草原上的毒蛇以小型哺乳动物为食，大草原上的鹰则以猎杀金花鼠

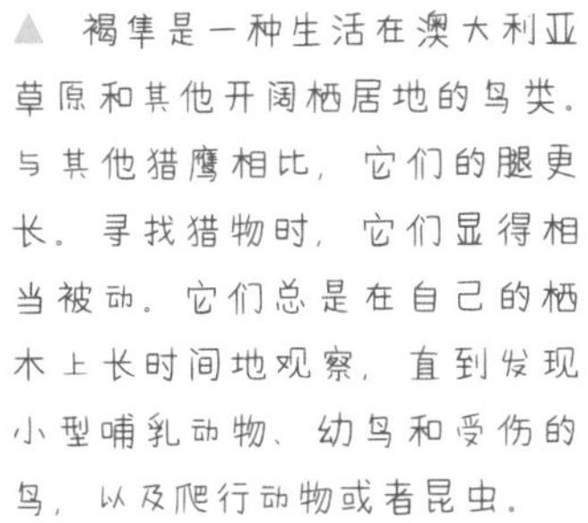

▲ 褐隼是一种生活在澳大利亚草原和其他开阔栖居地的鸟类。与其他猎鹰相比，它们的腿更长。寻找猎物时，它们显得相当被动。它们总是在自己的栖木上长时间地观察，直到发现小型哺乳动物、幼鸟和受伤的鸟，以及爬行动物或者昆虫。

大开眼界

天生的织工

织布鸟会用盘绕和打结的草建造出最复杂的巢。它们高超的筑巢技能究竟是天生的，还是从父母那儿学习到的呢？

20世纪70年代，一组科学家关养了五代织布鸟。他们只把筑巢的材料提供给了第五代织布鸟。尽管从来都没有见过织布鸟的巢，也没有与任何筑过巢的织布鸟接触过，但是第五代织布鸟仍然利用这些材料，筑成了一个精美的小家。

◀ 一群鸸鹋正在穿过澳大利亚草原。鸸鹋是一种典型的长着长腿、不会飞的鸟，它们是在平坦的草原上进化而来的，和非洲的鸵鸟、南美洲的三趾鸵鸟一样。

辽阔的西部草原

像秋麒麟草和红毛笔花这样的草本开花植物，在草原上青郁的草丛中，探出脑袋向外观望。

①草丛中的蛇

草原中的响尾蛇在受到干扰时，会采取一种经典的威胁性姿势。响尾蛇每次蜕皮时，它那像小虫一样的尾巴就会增加一节。

②草原的骄傲

草原上的大松鸡有一种壮观的求爱方式。雄性松鸡聚集在传统的求爱地点，展示引以为傲的舞姿。它们会鼓起橙色的颊囊，大声叫着。

③丧失的家园

北美野牛曾经漫游在辽阔的大草原上，成群聚在一起，寻找新鲜的草料。但是由于人们的捕杀，它们已濒临灭绝。这些大型的反刍动物现在被限制生活在自然保护区内。

④星点和条纹

十三线地松鼠在白天很活跃。它们通常独居，爱吃蚱蜢和其他昆虫。这种啮齿动物会在冬天冬眠。

⑤无路可逃

孤独的丛林狼会把它在地下发现的啮齿动物挖出来。小型哺乳动物通常是它们的目标，但是麋鹿和鹿有时候也会被它们成群袭击。

⑥死亡谷

红头美洲鹫是一种在天上盘旋的秃鹰，它们会将死神降临到那些干渴而疲倦的动物身上。这种鸟能迅速找到新鲜的尸体。

⑦耐久力

麋鹿因富有持久力而享有盛名。穿越一片大草原时，它们能够长时间地保持迅捷的速度。

⑧凶手

美洲獾是一种凶恶的独居动物，喜欢侦察草原犬鼠的居住地，并将它们从地洞里挖出来。花栗鼠和其他啮齿动物也被列入其中。

⑨夜晚的爬行动物

圆圆胖胖的大平原蟾蜍在岩石下保持着低低的侧面轮廓。这种专以昆虫为食的动物通常在夜晚或者在潮湿的天气里才出来活动。雨季时，成年蟾蜍直接奔向可供它交配的池塘。

⑩楼上楼下

成群的草原犬鼠挖出了又大又复杂的地下城镇。它们社会性地群居在一起，在地面上吃草和昆虫，在地洞里藏身并抚养子

⑪魔爪

红尾秃鹰是一种多才多艺的食肉
们吃各种猎物。它们经常从高高
向下俯冲扑向猎物。

6
11
7
5
10
8
4
9

非洲草原

大面积的多年生草本植物覆盖在东非平原上。在这里偶尔能看见屹立的刺槐。甚至在最干旱的地方，也有草能存活下来，一场雨水之后的几小时，它们就可以再度发芽。

①雷达耳朵

大耳狐通常在黄昏和夜晚出来活动，它们追踪各种蠕虫、昆虫、爬行动物和小型哺乳动物，并用像雷达一样灵敏的耳朵来获得猎物的活动情况。

② 獴的家园

矮獴以家庭为单位生活在一起。它们经常在旧的蚁丘上建造自己的家园。非洲獴会用腿把大大的蛋朝后扔在石头上，从而把蛋砸开。

③跺脚的凶手

蛇鹫高约 1.5 米，有细长的腿，它们大步走着，搜寻蛇、蜥蜴和小型哺乳动物。它们还会通过跺脚来杀死猎物。

④奔跑的羚

托氏羚主要在凌晨和傍晚进食。不安的托氏羚通常会高昂着头，跳跃着前进。

⑤空中袭击

在非洲大草原上有丰富的昆虫、扁虱、蜘蛛和蝎子。食蜂鸟这样的以昆虫为食的鸟儿都在忙着追逐蜻蜓。

⑥食物碎片

以腐肉为食的秃鹰能够迅速发现尸体。鲁氏粗毛秃鹫会成群抵达腐肉旁，并为食物争吵不休。不过，它们可能会被更大一些的草原雕吓走。

⑦空中军事袭击

猛雕是最大、最有力量的非洲雕，甚至能吃下羚羊那样大的猎物。它们要么在空中飞翔着觅食，要么在栖木上寻找猎物。它们还能够迅猛地俯冲，对猎物进行攻击。

⑧草丛中的掠食者

黑斑羚是敏捷的反刍动物，通过用下门牙和坚硬的上门牙啃食大量的草。

⑨无情的嗡嗡声

蝗虫和毛虫群集在草和谷类食物上，并留下大量粪便。专食身体血汗的昆虫使食草哺乳动物烦恼不堪。

⑩刺激性的唾液

成群的牛羚能把草叶啃得短短的。经常“修剪”草叶能促使草的生长。所以，牛羚的唾液就犹如能够刺激草儿生长的激素一样。

⑪开阔的视野

草离长颈鹿的嘴太远了，所以，它们通常都啃食高高的刺槐树上的叶子。它们那长长的像桅杆一样的脖子使它们能够很好地俯视大平原。

⑫长圆斑的捕食者

非洲大草原上许多大型食草动物都能够迅速奔跑，所以，为了能够追赶上猎物，印度豹进化出了闪电般的奔跑速度。

⑬鼠王

50 厘米长（加上尾巴）的巨型夜行动物冈比亚鼠在干旱的非洲大草原上以水果和其他植物为食。它们也吃蜗牛、白蚁和其他小型动物。

⑭转移粪便

大量粪便是蜣螂的理想食物。它们把粪便滚成球状，并埋起来当粮食吃。雌性蜣螂在潮湿的粪球上产卵，这些粪球就是卵孵成幼虫后的粮食。

为食。大鸨和蓑羽鹤在草丛中展示自己。阿根廷的彭巴斯草原一望无垠。彭巴斯草原上较为湿润的地区生长着大丛的蒲苇，它们通常有 2 ～ 3 米高，顶端长着银色的、羽毛状的穗。在较为干旱的地方则生长着耐旱的针茅。

高高的南美草原是稀有的鬃狼的家园。它们那又长又细的腿不但有利于在草丛中穿行，而且还有利于高高跳起扑向猎物。不会飞的三趾鸵鸟已经适应了在开阔地带迅速奔跑，它们成群聚集在彭巴斯草原的领地中。草原上还生活着南美草原鹿。

各种食草啮齿类动物，像栉鼠和平原鼠，会在地下挖地洞。巴塔哥尼亚野兔天生就能适应在巴塔哥尼亚草原上奔跑、跳跃。

热带草原

在全年高温的地方也有草原。这些地方通常只在夏天才会降雨，那里粗韧的草有时能长到 3 米高，并成为草原上的主要风景。这些热带大草原是多种多样的动物的家园，这里有地球上数量最多的食草哺乳动物。

印度黑羚和鹿牛羚在印度热带大草原上漫游。这些干燥的平原上覆盖着矮草，间或有一些小树。这里也生活着黑颈兔和印度人沙鼠，还有印度穿山甲和金钱豹。缟鬣狗和狞獾在草原上四处搜寻腐肉，并以此为食。

委内瑞拉草原和巴西草原都是南美热带草原的一部分。大型食蚁动物在半干旱的大草原上四处游荡，寻找木蚁。南美的鹰有时会成群聚集在大草原上，专门守候那些在草原大火中逃生的猎物。

在大约 3000 万平方千米的非洲大陆上，大约三分之一的面积都是草原。在这些草原上，有的遍布着高高的草丛，有的生长着像大戟属植物这样的多汁植物，有时偶尔还能看见刺槐树和猴面包树。许多草原动物，像野牛、斑马、各种羚羊等，都是成群地聚居在一起的行动迅速的大型食草动物。它们吸引着像狮子和印度豹这样的食肉动物。斑鬣狗、豺狼和秃鹰则守候着，等待食用猎物的残渣腐肉。充足的种子是食籽雀的食物，例如织布鸟。生活在这里的红脸地犀鸟除了吃地面上的草，还捕捉小型动物。

荒野中的野生物

垃圾堆中腐烂的生物残骸、废弃的化学工厂所在地上有毒的土壤，以及废弃的石灰岩采石场上的碱性土壤，这些生态环境在今天都被认为具有重要的意义。

在今天的城镇中，土地面临巨大的压力，早已经没有了大片荒野。因此，有关城市生态的观念越来越流行。这种观点认为，我们要尽可能制造一些人工环境，并让一些野生物能够在这些环境中生存下来。与传统的博物学家相比，城市生态学家更有创意和想象力，他们能够利用任何一种生态环境，研究那些存活下来的野生物。在所有的生态环境中，其中一种被认为具有重要生态价值的就是废弃的土地和荒野。这些地方曾经被认为对环境有害，但如今有许多已经被再生、利用。如何对这些地方进行利用，曾引起过激烈的争论。这些地方变得如此有趣，原因在于它们拥有的一些独特条件。

废弃和回收的土地

任何一块废弃土地的主要条件，取决于它们曾经是用来做什么的。但是，由于这些土地曾经被人为使用，所以，它们的条件就不同于类似的自然环境。

◀ 醉鱼草是一种从国外引进到中国的灌木，能够在贫瘠、干燥的土壤中迅速生根。它们主要生长在碎石陡坡和悬崖上。它们那艳丽的花朵在整个夏天都吸引着翩翩的蝴蝶和其他各种昆虫。

▲ 接骨木是一种灌木或小乔木，能够长到七米高。这些植物通常是在废弃的采石场上生长起来的第一批植物。

▲ 夹竹桃柳是一种专门生长在荒地上的植物，在英国很常见。它们主要生长在碎石和岩石上，以及城市的荒地中。

▲ 千里光生长在像混凝土一样的土地上。但是，在任何一个角落里，只要有垃圾堆和生物残质，都能为千里光的生长提供足够的养分。许多荒地植物都能够在贫瘠的环境中生长。

由于贫瘠的栖居环境，生活在荒地上的动植物，需要用更长的时间来建立自己的生态系统。艰苦的条件通常会持续很长时间。大量的营养物质（硝酸盐和磷酸盐）会短缺，而它们都是植物生长需要的最基本的物质。地面土壤也不稳定，植物很难扎根。土壤的 pH（土壤的酸碱程度）又变化很大，通常处于 pH 的极端位置，在这种条件下，几乎没有什么生物能够存活。地表的温度也比较高，比如在曾经被烧过的矿砂堆。缺乏有机物直接导致荒地上的土壤贫瘠，而且这些地方一般也缺少水源。在荒地的土壤中，几乎找不到休眠的种子，所以生物的移植主要依赖外部资源，植物的种子必须借助风、水、车辆、人类或动物，才能来到这些地方。

如此独特的条件，创造出了生态岛屿。各种各样的外来物种在此立足。这些外来的植物和动物，并不属于某一个特定区域。在这些环境中，由于一些关键物种的加入，改变了贫瘠艰苦的条件，使这些地方更适合物种生存，并允许其他物种在此立足，从而改变了生态的进程。

废弃的采石场

在20世纪，世界各地采石场的规模和数量急剧下降。过去曾经有过许多小型采石场。但如今，只剩下少数大型采石场，许多旧的采石场都被废弃了。采石场经常位于那些自然风光漂亮、

废弃的石灰岩采石场上的野生物

被炸的废墟

今天，在“二战”后遗留下来的战场上，我们能看到各种不同的动植物。在英国曾经被轰炸过的废墟上，甚至还能够看见赭红尾鸲。战前，这种鸟在英国并不常见。但是，在那些废弃的建筑物中，由于轰炸残留下来的碎片和裂缝，为这种鸟提供了理想的巢穴。最近几年，它们在英国的数量逐渐增多。

生态环境重要的地方，这会给当地的生态群落带来很大的损失。但是，许多被废弃的采石场又重新回到了从前的模样。

在旧采石场上的生物移植可能需要好几十年，为了挖掘埋在地下的岩石和矿物，土壤都已经被移除了，留下来的又硬又紧，而且掺杂着很多岩石。此外，在这里还缺乏水源和营养物质。例如暴露在外的石灰石，必须先被风化，然后变成粗骨土，植物才能生根发芽。土壤缺乏也意味着在这片地方没有种子库（储存休眠的种子），所以，植物的移植，需要依赖风把周围其他地区的种子吹过来。

第一批植物

在采石场上，最早生根的植物都具有强大的、能把种子散播出去的力量，并且能够适应相对荒凉的环境。最初移植到这里的植物，都能够直接从大气中摄取氮。然后，氮元素被合并到土壤中，再由植物的根系吸收。土壤中缺乏营养物质对它们并不是主要问题。这些植物都是固氮植物，对于加快生物移植的速度，允许其他植物在此立足相当重要，因为它们改善了土壤的条件。

旧的被废弃的机械，能够为发芽的种子提供有价值的掩蔽场所。这里的土壤一般呈碱性，生长在这里的植物能直接反映出来。蓟、匍匐柳叶箬、没有香气的狗茴香，它们的种子都很容易被风播撒出去，而且它们通常是荒地上的第一批植物。

像百脉根、贯叶连翘、百里香、汉荭鱼腥草、矢车菊、野生草莓这样的植物，一旦在荒地上生根，就会呈现出缤纷的颜色，散发出各种香气。在木质灌木丛和树丛中，羊角芹、黄花柳、美国梧桐、岑树、白桦树，也是石灰岩采石场和白垩采石场上最早生长的植物。在这里，有各种各样的野兰花，偶尔还能看见一些稀有植物，如蓝眼草、西洋獐耳、白垩龙胆根、阴地蕨。

甲虫和蝙蝠

在植物群落中，生活着各种无脊椎动物，例如蜘蛛、跳虫、螨虫、甲虫和各种蚂蚁。这里的生态条件还吸引着各种各样的蝴蝶。颜色暗黑的弄蝶和普通的蓝蝴蝶，都会选择这样的栖居环境，因为它们的毛虫要吃百脉根。同样地，灰蝴蝶以野生草莓为食。大量的虫子又吸引了众多鸟儿来到这些地方。鸣禽和野鸽在植物丛中觅食，人们还能够在采石场上看到大乌鸦、寒鸦、红隼、游隼。隧道、洞穴，为蝙蝠提供了理想的栖居环境。马铁菊头蝠和濒临灭绝的鼠耳蝠，都在采石场上建立了自己的栖居之地。

城市里的荒地

在所有的城镇中，都有一些由于被人忽视而荒弃的角落。关闭的旧工厂，修了一半就停工的弹药厂，无人照看的墓地，都逐渐被各种动植物占据了。

研究城市里的荒地，人们发现，动植物对这些地方的占领具有一定的规律。最初，在碎石地和开阔地上，会被一年生植物占据，这些植物的种子都是靠风的传播来到这里的。当无脊椎动物前来为植物授粉后，又吸引了不同的鸟儿。昆虫和鸟儿又把其他植物的种子带到这些地方。很快地，在这里的植被中出现了青草和药草。如果生物的连续性不受干扰，那么在大约40年后，这些地方就能出现林地。

在典型的城市荒地上，有成片的接骨木、黄花柳、醉鱼草、山楂等植物。在开阔的空地上，早期的植物还有加拿大蓬、美洲柳草、“勇敢的战士”和“蓬松的战士”（这两种植物都是中南美洲的特产）。随后，开阔的地上逐渐被夹竹桃、柳草、黄色的草木犀、酸浆树等植物占据。像

热带地区

有时候，垃圾堆温暖的小气候，使一些来自气候比较炎热的地区的物种，能够在这里生存下来，比如图中这些来自英国的野生物。

在垃圾堆上的动物群落中，家蟋和美洲蟑螂（①）都是热带品种。成群的苍蝇，尤其是麻蝇（②）、青蝇（③）和家蝇，经常出没于其中。除了无脊椎动物，大量的小型哺乳动物也在垃圾堆中的腐烂物中觅食。家鼠（④）和褐家鼠（⑤）都是这里的居民。狐狸（⑥）在这里也很常见。黄昏时分，褐色大蝙蝠（⑦）聚集在一起，以家蟋为食。通常与垃圾联系在一起的动物还有鸥，尤其是银鸥。其他在垃圾堆上常见的鸟类还有小嘴乌鸦（⑧）和八哥（⑨）。

垃圾堆上最常见的植物有狗舌草（⑩）、荸荠（⑪）、野西红柿（⑫）。在其他荒地上很常见的紫苑、蒲公英，也会在此安家。各种外来植物都能够在垃圾堆上生存。人们把水果和蔬菜丢弃在垃圾堆上，它们的种子也随之在这里生根发芽。瓜果（⑬）、花生，甚至枣椰子，都能在这里生长。还有一些植物的种子，被鸟儿们带到了这里，比如金黄草、向日葵（⑭）和稷（⑮）。除此之外，时常还能看到亚麻荠、黑草（可能来自印度和埃塞俄比亚）、野西瓜（⑯）（可能来自阿根廷）。虽然外来的物种都在垃圾堆上努力地生根发芽，但绝大多数都不能够在冬天存活。

约克郡苔藓、多年生黑麦草、茅草、野豌豆，在这些地方都很常见。

在动物群落中，有大量昆虫。蜜蜂、食蚜蝇、蚱蜢都生活在这些栖居环境中。数量惊人的蝴蝶也因为丰富的植物来到这里。在所有的蝴蝶中，最好看的是赤蛱蝶、眼蝶、孔雀蛱蝶和小小的铜蝶。在城市荒地中，还有各种蜗牛和蛾子。

在较大的动物中，有八哥、花嘴鹦鹉、凤头百灵和金翅雀。在老墙和老建筑的隐蔽处及裂缝中，能看到一些小型哺乳动物，比如褐家鼠、木鼠、棉鼠和狐狸。蝙蝠也经常在废弃的建筑物中栖息。

▲ 山楂树奶油色的白花有一种独特的麝香气味。人们认为耶稣就曾经戴过用山楂编织的头冠。人们还认为，如果无意砍下了一棵山楂树，就会交上霉运。当然，这并没有什么科学根据。山楂果是鸟儿们喜爱的食物。

碎石、腐殖质和蒲公英

垃圾堆既难看又难闻，但它们却为很多植物和动物提供了独特的生活环境。不管哪儿有腐烂的生物碎屑，分解体都会迅速出现在这些地方。大量的分解体都是微型生物，尤其是细菌和真菌。在分解代谢反应中，生物被分解，释放出多余的能量，比如热量。这会导致当地的温度升高，并制造出小气候，然后使一些外来物种在垃圾堆上生长出来。

城市角落中的野生物

火车汽笛声听起来就像是成群的美国西部野牛的丧钟声，因为它们的牛肉和牛皮将被"隆隆"的火车运往美国东部城市。铁路和公路不但干扰着野生物，甚至还将它们"赶尽杀绝"。但是，铁路和公路也为那些顽强留守在路轨两旁的动植物创造了新的栖居环境。

为了农业化和城市化，野生物通常会从自己栖居的土地上被"清除"出去——植物和动物都被赶到了土地的边缘地带，而这些一小块一小块零碎的土地，要么任其荒芜，要么被部分管理着。在世界一些城市角落及城市边缘的公路和铁路两侧，都是野生动植物们的天堂，也成了它们来来去去的走廊。

边缘地带的野生物

沿着铁路生长的植物不会轻易地被人采摘和践踏，而道路堤防和路障一般也是公众的禁区。由于城市扩张和农场耕作方式的改变，如今在英国许多地方都很罕见的樱草花和香花报春，也在铁轨两旁大量生长。在欧洲的铁路沿线，尤其在城镇周围，生长着欧芹、金雀花、野风信子、毛地黄和千屈菜。有的植物是被特意引进这些地方的。例如，人们为了防止土壤流失，就在伦敦的铁路沿线种植了膀胱豆。在两条铁轨之间，是荒凉多石的不毛之地。多肉的景天、黏黏的千里光、鼠耳草，以及海滨寇秋罗，都试图在这些地方寻找安身之地。这些植物通常长势低矮，能够适应干旱环境和极端的温度。丹麦辣根菜是从沿海被引进内地的，人们利用它们来加固铁轨下的鹅卵石。生长在这里的植物，会通过好几种方式沿铁路蔓延。许多开花植物的果实，像降落伞一样被风携带到各个地方。火车开过产生的空气涡流也会把轻的、披着茸毛的种子吹送出去，还有些种子则"飘入"客车，并随客车被散播到远方。数百万由空气传播的藻类、苔藓和蕨类植物的孢子，会像下雨似的从空中落下。一些种子会定居下来，并在各种坑道潮湿的砖缝中生长。

在轨道旁边的丛林，则吸引着昆虫和以昆虫及种子为食的鸟儿，像鸣鸟、雀鸟、伯劳鸟等。

▲ 在美国佛罗里达的肯尼迪空间中心，野生物在未受干扰的地面上大量生存。在航天飞机的掩蔽之处，生活着300多种鸟儿，此外还有野猪、美洲野猫、海牛和鳄鱼。有一些野生物也会带来一些问题，比如啄木鸟，它们在航天飞机的燃料箱上啄了200多个洞。成群的鸟儿对于航天飞机也很危险。在英国，皇家海军特地在萨默塞特组建了一个鸟类监管部门，他们专门训练鹰，并利用鹰将不受欢迎的鸟儿吓走。

蛇和蜥蜴在路轨的石渣上或干燥的铁轨两旁晒太阳。蛇专吃那些在铁路边安家的小型啮齿动物和其他哺乳动物。野兔在黄昏时分出现，过往的火车噪声丝毫不会对它们造成影响。甚至在城市的地下也生活着野生动物。野鼠主要生活在黑暗的地道中，鸽子则在火车站的月台上徘徊、寻找美味，或者追随着火车飞翔，或者在桥梁上筑巢。

路边的探险家

筑路的推土机在地面上制造了大量荒芜的角落，而这些地方迅速被野生植物和动物占据。在地里休眠多年的罂粟种子，开始沿着刚刚被开发出来的堤防和道路边缘发芽生长，并开出艳丽的花朵。在西非和其他热带地区，蟋蟀草

你知道吗？

火山“通勤”者

在英格兰南部的大部分地区，千里光沿着铁轨两侧贫瘠的、排水良好的土壤大量繁殖。这种植物本来生长在埃特纳火山地区，17世纪时，人们将它引进牛津植物园中栽培。但它们又从植物园中蔓延出去，开始在铁轨两旁的煤渣上生根发芽。在火车带动的气流中，它们那像降落伞般的种子会沿着铁路线逐渐蔓延传播开去。

▲ 粉色、白色和黄色的羽毛花盛开在澳大利亚内陆肮脏的道路两侧。这种桃金娘科植物的种子非常坚硬，可以随着泥泞的汽车轮胎，沿着公路被携带到很远的地方，然后，这种植物就慢慢地蔓延出去了。

▲ 在被忽略了的公路边缘，植物自由地生长着，一些鸟儿和小型哺乳动物，如田鼠等，都在这些地方寻找食物和庇护之所。图中，一只巢鼠爬到了领地边缘的一株植物的种子上。

▲ 这只神情冷淡的狐狸正在穿越铁轨。野兔、狐狸、獾，都会沿着铁轨两旁挖地穴。它们会占据那些安全的、排水良好的地方，并且在它们的洞穴附近，还能够找到大量的食物，这样它们就能顺利生存下来。

（牛筋草）沿着道路两侧蔓延。

城市道路两侧有土壤的狭窄边缘也是一个小小的生态环境，有各种不同的野生物。有的道路边缘从来没有受到干扰，而有的道路边缘则被除草、修剪，甚至被交通污染。高速公路边缘，通常长满了各种茂盛的草。从沼泽中穿过的道路两侧通常长着石南花，但是从加利福尼亚沙漠中穿过的高速公路两侧，则可能生长着仙人掌。生长在海岸边、耐盐碱的植物试图沿着公路朝内陆蔓延。在它们蔓延的同时，路的两侧也布满盐粒，从而能防止道路在冬天结冰。在起伏不平的道路两侧，通常为老鼠、野兔、青蛙提供了庇护所和食物。同时，它们又吸引了像狐狸、蛇、鼬鼠这样的食肉动物。在它们中，许多动物会在夜晚沿着高速公路奔跑，而那些死于交通事故的动物则又成为乌鸦、喜鹊、秃鹰的食物。红隼沿高速路建起了自己的

“店铺”，活跃在路边的小型哺乳动物为它们提供了充足的食物。从坦桑尼亚的米库米国家公园中穿过的公路，将长颈鹿、疣猪、大象的领地一分为二，许多野生动物都倒在了过往的车辆之下。非洲的胡狼、秃鹰则在快速行驶的车辆间飞奔，觅取路上的死昆虫肉。在澳大利亚，年幼的楔尾雕也在公路上觅食死去动物的肉。

其他“绿洲”

在其他一些地方，还有一些半人工化、半野生的生态环境。有一些高尔夫球场，为哺乳动物和鸟类提供草地、林地和灌木丛林。机场也是禁区，不容易受干扰。而且，这里还能安全地躲避猎枪和猎狗。在爱尔兰的贝尔法斯特机场，曾经有 50 多群野兔在飞机跑道之间的草地上吃草。

湖泊中的野生物

湖泊和池塘既可以是天然的，也可以是人造的；既可以是古老的，也可以是全新的；既可以是肥沃的，也可以是荒凉的；既可以充满生命，也可以生命稀少。水中的微型植物是静水中的主要生命。小型植食性动物以它们为食，水中的小型食肉动物又以这些植食性动物为食，而小型食肉动物则又是大型动物的猎物。

池塘岸边很少受到风浪干扰。一方面，由于池塘的水很浅，所以，充足的阳光能够照射到池底，并能促使有根植物生长。另一方面，湖泊是较大的水域，它的中心部位也很深，有根植物能够生长，而且完全暴露在强风之中。湖泊中的野生物不如池塘里的多。

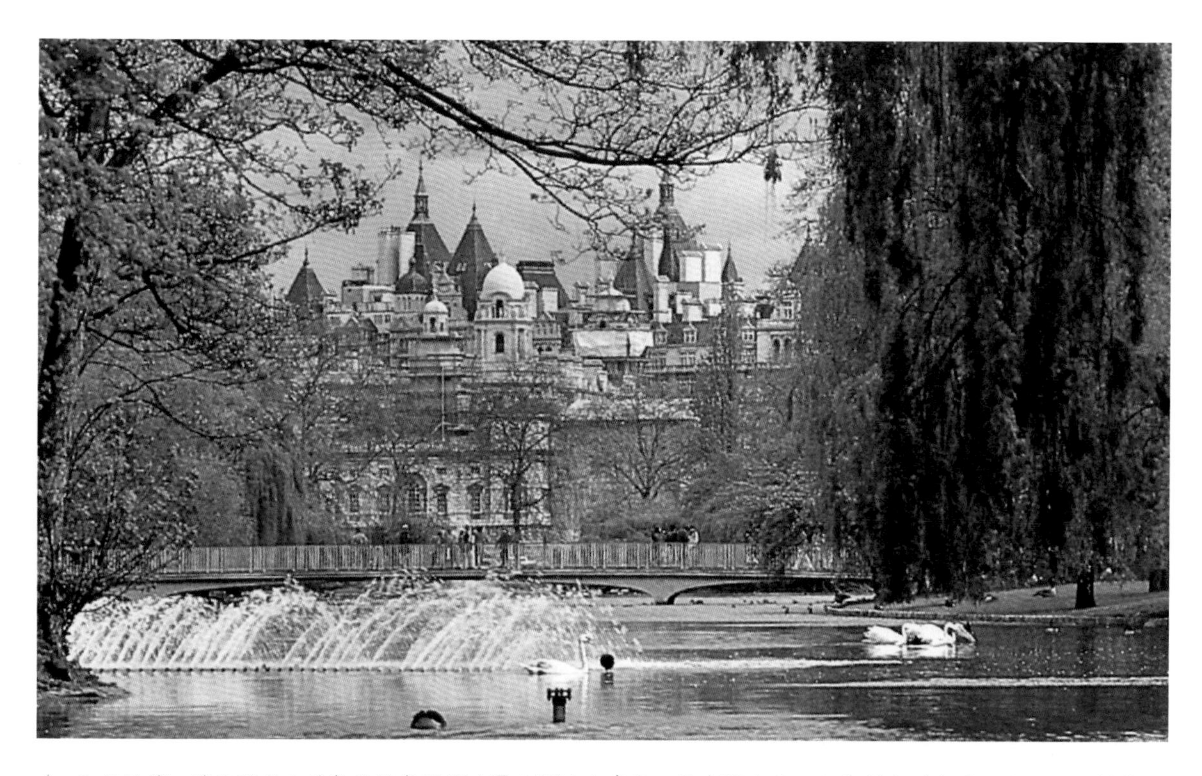

▲ 几只天鹅、鹅和鸭子在伦敦的圣詹姆斯公园的湖泊中疾走。静水湖泊的大小和深度对生活在其中的动植物的种类都有影响。湖泊中的营养物质、氧气含量，以及温度对它们也有影响。

水生植物

适应了水生环境的植物被称为水生植物。它们在池塘中或多或少地占据着一片独特的区域。在经常被风吹扫的湖泊浅水之中，以及湖边，生长着大型植物，它们形成了一片阴凉地区。

池塘四周的沼泽土壤中生长着沼泽植物。在灯芯草和莎草之间长着白花绣线菊、紫色的千屈菜、花菖蒲以及万寿菊。

芦苇沼泽植物生长在池塘边上，那儿的地面上覆盖着水。芦苇、香蒲、刺果和欧泽泻共同占据这些区域。它们大多都生长得很高，伫立在不断变化的水面上，长长的、蔓延的根茎，牢牢附着在水中的泥土之中。

▲ 只有耐高温的水生物种才能够在“香槟湖”——新西兰的一个冒着蒸汽的、含氯量很高的湖泊中生存下来。在炎热的喷泉周围，有着温暖的空气和土壤，从而使这里植被的生长极为繁荣。

▲ 著名的长白山天池是中国最大的火山口湖，作为海拔最高的火山湖被列入吉尼斯世界纪录。关于“天池水怪”的传说让长白山天池更显神秘。

池塘中的生命

被丛林环绕的池塘在夏季里充满了生命。漂浮着的或者潜没在水中的植物，为许多以植物为食的水中生物提供了食物，残余食物又被生活在池塘底部的食碎屑动物食用。小型食肉动物在植物和碎石中猎食，这些地方的猎物异常丰富，像梭子鱼这样的大型捕食者要么潜伏在水草中，要么在开阔的水面上攻击猎物。水面上飞行着成年昆虫，水鸟四处觅食。

①桤树
②榉树
③黄菖蒲
④灯芯草
⑤白花绣线菊
⑥千屈菜
⑦香蒲
⑧芦苇
⑨欧泽泻
⑩睡莲
⑪水池草
⑫水鳖
⑬浮萍
⑭苍鹭
⑮水鸭
⑯雌苏格兰雷鸟
⑰翠鸟
⑱梭子鱼
⑲红眼鱼
⑳黑鲫
㉑三棘鱼
㉒草蛇
㉓南方冠欧螈
㉔青蛙
㉕蛾子
㉖蜻蜓科昆虫
㉗金边蜻蜓
㉘大红蜻蛉
㉙石蛾的幼虫
㉚蚊子的幼虫
㉛淡水虾
㉜水生昆虫
㉝大的潜水甲虫
㉞水蝎子
㉟划蝽
㊱水黾
㊲水鼩鼱
㊳大的池塘蜗牛
㊴鹦鹉螺
㊵水蛭

根茎在泥土中的植物，像睡莲和水毛茛，都生长在浅湖之中，它们的根附着在水中的泥土里，叶子则漂浮在水面上。水蓍草、水池草和金鱼藻都是沉水植物。一些沉水植物附着在水底，但它们并不需要依靠泥土获得营养——它们利用叶子吸收气体，并溶解水中的矿物盐。

浮萍、马尿花和狸藻类植物都是生长在水表的浮萍植物。

藻类主要是微型植物，要么像浮游生物那样自由漂浮在水面上，要么附着在其他植物或物体上生存。

水中的动物

池塘和湖泊中的动物主要依靠环绕它们的植物生存。在水生植物丰富的静水中，动物的种类丰富多彩，而且与众不同。

许多生物都能够在水表行走，几乎不会沉没于水中。像划蝽、水蟋蟀这样的水生昆虫，以掉落在水表的死亡或垂死昆虫为食。在植物区域内通常都充满生命。像以植物为食的石蛾幼虫，

深湖层

来自太阳的温度只能达到水下几米深处，但是风会搅动水流，从而使它们携带着热量再向下传到约 15 米深处。浮游生物在温暖的上层水域中繁殖，下面的水层较为凉爽——这是温度突变层——它是温暖水域和寒冷水域之间的一道屏障。死亡的浮游生物残渣以及大型生物会沉入湖底并腐烂分解，于是，底层水域便富含营养物质，正是这些营养物质维持并推动有机物的腐烂。当细菌或其他帮助分解腐质的生物用完了水中的氧气时，这一切也就达到了极限。秋天，湖泊中的每一层水都会混合在一起（翻转），于是，上层水会变凉、变重。通过这种方式，水域底部的一些营养物质就循环到了上层水域中。

1. 绿藻
2. 硅藻
3. 轮虫
4. 水蝇
5. 幻蚊的幼虫
6. 嘉鱼
7. 软泥中的蠕虫
8. 摇蚊的幼虫
9. 贝类

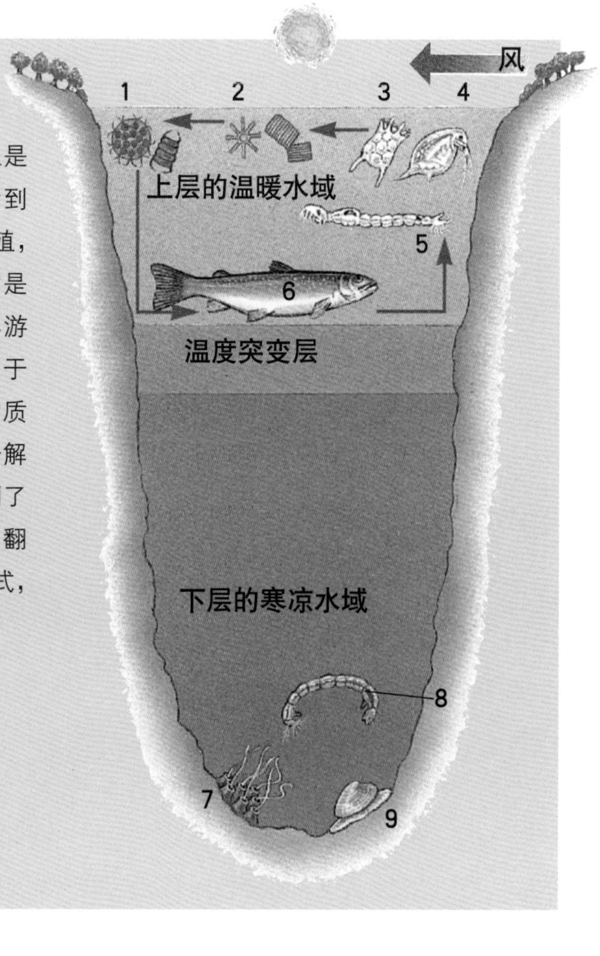

就在植物丛中建设家园。水甲虫、划蝽、水蝎和蜻蜓幼虫这样的食肉动物，都以草食动物为食。生活在湖中的帽贝有宽宽的足，这些足就像是吸盘，能帮助它们避免被水浪冲走。四处游荡的蜗牛、扁形虫和水蛭，也都靠身上的吸盘来固定自己。

开阔的水域中生活着大量的微型有机物——像硅藻、轮虫、浮游的甲壳纲动物，比如水蚤。细小的甲壳纲动物是大量小螳螂和湖中鲑鱼的食物，比如欧洲白鲑鱼，它们在浅浅的铺满碎石的湖底产卵。嘉鱼是大麻哈鱼家族的成员，生活在阴凉的深湖中。在北美洲的大湖区，鲟鱼能够长到 2.7 米长。水中的泥底氧气供应稀缺，但那儿有大量食物，可供食碎屑动物、软泥中的蠕虫、水蚊的幼虫和贻贝食用。

许多动物会前往池塘或者湖泊中饮水、进食或者洗澡。草蛇游来游去地搜寻青蛙和鱼，水鼩鼱四处寻找昆虫。有些非洲湖泊中还生活着大型河马和鳄鱼。湖泊和池塘上的边缘植物还为筑巢的鸟儿和啮齿类动物提供了掩蔽之所和食物。水獭从它居住的湖边的林地中，频繁地袭击鱼类。成群的鸭子和潜鸟追逐水中的鱼，鱼鹰在水表猎捕大型猎物。

西伯利亚的宝石

贝加尔湖坐落在遥远的西伯利亚，它是世界上最古老的，也是最深的湖泊（约 1642 米）。它拥有世界淡水资源的五分之一。寒冷而清透的水中含有氧气。在这片湖泊中，从湖泊表面到湖底，有丰富多彩的生物。这儿大约有 40 种杜父鱼，它们生活在湖底翠绿色的海绵和藻类丛中。河鳟、油鱼、西伯利亚河鲈、鲟鱼、奥木尔鱼，以及 258 种淡水虾一起分享这个湖泊。冬天，这个湖会冻结，嘈杂的海豹会在冰面上挖洞。

◀ 猴面包树眺望着马达加斯加岛上那个遍布睡莲的湖泊，这片湖泊充满了丰富的营养，覆盖着厚厚的植被，那些植物稀少的湖泊则缺少营养物质。

◀ 温带池塘中的生命极为活跃，在这个中空的树洞里的水坑中，繁殖着蛙卵、蝌蚪和蚊子的幼虫。

沼泽中的野生物

从巴西亚马孙平原上多蒸汽的沼泽，到俄罗斯勒拿河三角洲荒凉的泥沼，这些淡水湿地为世界各地不同的野生动植物提供了一处处安宁的庇护所。

在水平面与地表相平，或者略高于地表的地方，都会形成湿地。从传统意义上，湿地被分成三类，它们是多木质植物（树木）的沼泽、多草本植物（青草）的沼泽、泥塘。泥塘相对较干，只能看见小潭的浅水。泥塘中通常长满苔藓，这些苔藓摸起来就像吸了水的海绵一样湿漉漉的。在多木质植物和多草本植物的沼泽中，都有大面积的浅水，土壤被永久性或者季节性地浸泡在水中。在多木质植物的沼泽中，通常长有大面积的树木；而在多草本植物的沼泽中，则生长着大量的青草或莎草。

▲ 这些半野生的马在法国卡马格沼泽的浅水中疾驰。在地中海沿岸，卡马格沼泽是为数不多的沼泽之一。许多沼泽都已经被人们排水造田了。

▲ 麝鼠生活在北美洲和欧洲的温带沼泽中，在这里，它们以菖蒲的根茎为食。

面临威胁的栖居环境

湿地大约占世界陆地总面积的6%，由于人类不断地排水造田、发展农耕，因此它们一直都在面临威胁。英格兰许多低洼的沼泽至今都面临着这样的噩运。不过，在有利的条件下，不管是多木质植物的沼泽，还是多草本植物的沼泽，都会不断地变化。如英国的沼泽地，如果任其发展，它们就可能会慢慢变成桤木林。

当流速缓慢的河水和湖水中的淤泥被植被的根茎截留后，就会慢慢地沉积下来，形成沼泽。在温带地区，像芦苇、菖蒲、莎草这样的喜水植物，在肥沃的沼泽土壤中茂盛地生长。当新的植被群体形成后，植物的根茎就会彼此交缠在一起，像垫子一样覆盖在地面上，并将有机物截留下来；同时，先前的植物枯死之后，腐烂物也会遗留下来，于是，一层松软的泥煤就形成了。在这些生态环境逐渐稳定的沼泽中，一些草本植物开始生长，如兰草、水薄荷、毛茛、千屈菜。

许多年后，沼泽中布满了一层部分腐烂的植被，大面积的地块都很潮湿，浸满了水。在这些新的栖居环境中，又有不同的植物开始生长。随着岁月的流逝，沼泽地面逐渐升高，土壤中的水越来越少，再次形成新的栖居环境，于是，喜欢潮湿的植物又最先在这里立足，随后变成柳木林，最后长满桤木和橡树。

▲ 近年来，人们毁林造田，占地建屋，迫使许多原本生活在森林里的哺乳动物迁移到了湿地沼泽之中，如图中这头野猪。

沼泽中的生命

沼泽中生活着大量的鸟儿，这可能是因为沼泽中的芦苇丛和莎草丛为它们提供了庇护所，使

诺福克沼泽

图中这片辽阔的湿地位于英格兰东部地区。在沼泽中生活着大量的野生物。巢鼠生活在茂密的芦苇丛里，以昆虫为食的湖蛙、蜘蛛在浅水中大量繁殖。

①稀有的麻鸦非常善于伪装，它们躲藏在芦苇丛中很难被人发现，只有“隆隆”的叫声才会暴露出它们的行踪。

②獐生活在沼泽中的芦苇丛里，它们的祖先是从动物园和私人的驯养笼中逃出来的。

③苍鹭有长长的足，它们能够一边在水中涉行，一边觅食鱼和鳗鲡。

④文须雀一年四季都生活在芦苇丛中。夏天，它们觅食昆虫；冬天，它们吃植物的种子。

⑤像这种绿翅鸭，夏天都生活在沼泽之中。

⑥沼泽中还生活着许多低等鱼类，如白鲑、斜齿鳊、河鲈，以及这种大型梭子鱼。

⑦这只里氏田鼠的面部胖乎乎的，它在觅食时候会用前爪抓住植物。在沼泽里，里氏田鼠有时会把植物的茎织成巢。

⑧凤蝶，它的毛虫以生长在芦苇丛中的欧芹的汁液为食。

⑨白腹鹞朝下猛扑，抓住鱼儿，然后返回芦苇丛中的巢。

⑩在沼泽中，驴蹄草很常见。它是毛茛科家族的一员，它的汁液对皮肤有刺激性。

佛罗里达的沼泽湿地

美国佛罗里达的大沼泽国家公园是一片亚热带荒野，沼泽中的水道呈十字形，水道两岸长满了茂密的锯齿草。沼泽中有一些湖泊，湖泊中点缀着岛屿。岛屿上长满了茂密的植物，还有落羽杉。

①这只生活在沼泽中的鸢鹞鹰正在用它那弯曲的喙，将蜗牛肉从壳里掏出来。
②落羽杉是一种针叶树，它们那尖尖的根伸出了水面。
③在流速缓慢的水中，滋生着大量的昆虫，比如这种色彩斑斓的蜻蜓。
④水獭正在美美地吃着从水中捉起来的鲜鱼。
⑤水道两岸长满了锯齿草，它们如此茂密，构成了一道难以被渗透的天然屏障。
⑥美洲鳄鱼一边在水中乘凉，一边懒洋洋地盯着一只乌龟，琢磨着要把乌龟弄来当茶点。
⑦有毒的棉口蛇正在从水里爬出来晒太阳。
⑧树鸭在树洞中筑巢，它们要么待在树上，要么在水中进食。
⑨睡莲扎根于沼泽中的泥底，它们的叶子则漂浮在水面上。
⑩这些食肉的狸藻属植物的叶子长在水中，叶子上有小袋，专门用来诱捕水生无脊椎动物。
⑪年幼的锦龟主要吃昆虫和鱼。但是当它们长大以后，就会变成素食者——主要以植物为食。

它们能够躲避天敌。对许多鸟儿来说，这里也是理想的栖息场所，包括黑水鸡、野鸭、芦苇莺。水中的动植物也为各种不同种类的鸭子提供了食物。野鸭倒立在浅水中进食；琵嘴鸭在水表用喙过滤食物；凤头潜鸭潜入沼泽的深水处进食。苍鹭稳稳地站立在水中，觅食青蛙、鱼和鳗鲡。其他一些猛禽，如稀有的白头鹞，则在空中飞着觅食。

生活在沼泽中的哺乳动物不多，主要有里氏田鼠、巢鼠、水獭等。

昆虫和其他无脊椎动物填补了哺乳动物在沼泽中的空缺。水生蜗牛在植物的茎枝上刮食藻类植物；蛞蝓（鼻涕虫）生活在沼泽底下的泥洞中。除此之外还有不计其数的红色蚊卵在泥煤中不断孵化、繁殖。蜻蜓的幼虫和其他水生昆虫的幼虫变形为成虫。水蝇、蛾子、蝴蝶、蜻蜓在沼泽中都很常见。

夏天，大量的昆虫为湖蛙和斜齿鳊（一种淡水鱼

▲ 图中的这只白秃猴生活在亚马孙盆地的洪溢林中。当它们既不睡觉，也不在树间来回活动时，就以植物的种子或带壳果实中的果肉为食。

▲ 在博茨瓦纳的奥卡万戈河流的三角洲上，红驴羚正在洪水泛滥的草地上跳跃着行进。为了适应它们生存的环境，羚羊的蹄子一直在不断变长，这使它们能够在松软的、浸满水的地上迅速奔驰。

类）提供了充足的食物。冬天，鸟儿飞到湿地觅食，或者在长距离的迁徙途中在此短暂停留。野椋鸟、白鹡鸰、鸊鷉通常都成群聚集在沼泽中，同时它们也吸引着猛禽，如食雀鹰。

罗马尼亚的多瑙河三角洲是一处重要的湿地，专供鸟儿们在此越冬。在这里，芦苇荡、湖泊、河流、草地共占地约6000平方千米，是欧洲最大的淡水湿地。大量稀有的鸟类，如黑颈䴙䴘、红胸黑雁、卷尾鹈鹕、白鹈鹕等，都靠这片三角洲得以生存。

亚热带的湿地

美国佛罗里达的淡水湿地面积广袤，沼泽中的水主要来自奥基乔比湖。沼泽中几乎长满了茂密的锯齿草，这种草能长到4米高。落羽杉散布在锯齿草中，为林鸳鸯和成群的鸟儿提供了理想的筑巢之地，这些鸟儿白天在草丛中觅食。这片湿地中大约生活着320种鸟类，包括林鹳、棕颈鹭、白头海雕、鸢鹞鹰等。

鸟儿、爬行动物和哺乳动物都在沼泽中觅食各种鱼类，如大嘴鲈鱼。在沼泽中猎食的动物还有锦龟、海龟、美洲鳄鱼、水獭，以及非常稀有的佛罗里达黑豹。

◀ 由于它们能够轻而易举地在泥中跋涉，所以人们驯养水牛，让它们在稻田里工作。水牛的蹄子朝外展开，从而使它们的重量均匀分布在蹄子上。

多蒸汽的沼泽

与温带沼泽相比，热带沼泽中有更多的野生物。由于亚马孙河季节性泛滥，在洪水抵达过的低洼处，留下了一些热带沼泽，它们被称为洪溢林。在洪溢林中，生活着2000多种鱼类，还有许多独特的爬行动物和哺乳动物，包括南美海牛、白海豚、大水獭、眼镜凯门鳄。可怕的水虎鱼成群游动，以它们能捕到的所有猎物为食。另外一种食肉鱼——金龙鱼也生活在沼泽中，它们会跃出水面，捕捉昆虫、蜥蜴，甚至小鸟。

在委内瑞拉奥里诺科河流两岸的泛滥平原上，也有大面积的沼泽和洪溢林。在这里，生活着世界上最大的蟒蛇和最大的啮齿动物——水豚。潮湿的沼泽是蛙类和其他两栖类动物理想的栖居之地，如颜色鲜艳的树蛙。在旱季，许多沼泽会干涸，形成草原，这对当地的野生物来说是一个问题。为了与季节变化一致，昆虫和两栖动物都有独特的生命循环方式。因此，当雨季开始时，它们就会产卵，这样它们的后代才会在旱季到来之前，有充裕的时间成熟，进入能够呼吸空气的成年阶段。在炎热的季节，还有一些动物会选择夏眠。

炎热的夏季，在非洲沼泽干涸之前，乌龟、蛙类、肺鱼和鲇鱼都会在泥里掘洞，然后躲藏在里面，直到雨季来临。苏丹的苏德沼泽中长满纸莎草，生活于其中的动物则不需要这样的生命形式，它们中有的也进化出了一些独有的特征，以适应半水栖的生活方式。

岛屿上的野生物

岛屿是一块令人着迷的土地。在神话中，岛屿上的生物总是笼罩在不祥的乌云之中。巨鸟、龙、食人的野兽，当然，还有神秘的宝藏，都是关于岛屿的故事中不可或缺的元素——但是这些故事并非全是白日梦。

岛屿零星地分布在世界各地的海洋、湖泊和河流之中。但是，从生命进化的角度讲，海洋中的岛屿才是最吸引人的。位于同一片区域内的一群岛屿叫作群岛。群岛通常是相同的地质构造的一部分，而且大多隶属于同一个国家，比如夏威夷群岛属于美国，而印度尼西亚和菲律宾等都是群岛国家。

岛屿生物的特征

岛屿上的生态条件通常都与邻近陆地上的生态条件截然不同。这主要是因为它们是孤立隔绝的，还有一部分原因是，许多岛屿都是新近出现的，甚至今天，有一些岛屿仍然在形成过程

▲ 许多人都梦想着漂流到一个热带岛屿上，去享受那里阳光普照的美丽海岸。但是一旦到了岛上，他们可能就会发现那里的天气非常糟糕，而且没有食物，也没有访客。这些状况塑造着大多数岛屿上的生物群落。

▲ 椰子是海上的漂流冠军，图中的这株椰子树开始在海岸上发芽。椰子树需要在水边生长，这是为了能够将它们的种子直接落到海里。种子可能要在海里漂流几千千米，才能再次着陆。

中。事实上，大陆也和岛屿一样被水包围着，但是大陆上的土地面积要比岛屿辽阔得多，所以大陆可以提供更加多样化的气候带和栖息地，以供动物们自由迁移。

比起大陆，岛屿上的气候更为温和。与大陆上同等面积的区域相比，岛屿上的生命比较少，无论数量还是种类。岛屿上的捕食者也较少，疾病和物种之间的竞争都相对轻微。这些独特的条件结合在一起，使岛屿上的生物现状和进化过程都极为特别。

生命的开始

岛屿上的动物和植物开始繁衍的方式有两种。有的岛屿是在一片陆地遭遇洪水之后，部分土地被“切断”，并与原来的陆地隔离开来而形成的，这样的岛屿被称为大陆岛。这样的岛屿在形成的时候就已经有了动植物，而且动植物的种类很可能与原来大陆上的动植物一模一样。

不过，那些直接从海洋里诞生的火山岛和珊瑚岛，只有通过生物的扩散才能变得生机盎然。由于海洋中的岛屿都被海水环绕着，所以并不会有很多动植物能够轻而易举地到达那里。但是，仍然有一些植物和动物有着进行长距离扩散的高超方法。

在许多岛屿上，蕨类植物和苔藓都很常见。它们都会制造出一些重量极轻的孢子，可以被风携带到很远的地方。像蒲公英和蓟这样的菊科植物的种子上通常都长有“降落伞”和丛毛，使它们能够轻松地随风散播。

平行进化

有袋动物看上去好像是由其他哺乳动物进化而来的。但事实上，它们是在距离陆地几千千米外的太平洋岛屿上，与世隔绝地进化出来的。下图向我们展示了一些平行进化的例子。

善于滑翔的伙伴

图中的两种动物都是平行进化的结果。小袋鼯和飞鼠乍看上去几乎一模一样。从它们的手腕到脚踝之间，有一层皮膜，可以辅助它们滑翔相当远的距离。

毛茸茸的家伙

生活在丛林中的斑尾袋鼬和非洲的双斑椰子猫，也是经过平行进化才变得如此相似的。它们都生活在雨林中，猎食小型哺乳动物、鸟类、爬行动物和昆虫。

犬科动物军团

狼和已经灭绝了的袋狼都是高级捕食者。它们都以食草动物为食，包括家养的绵羊。为此，它们都付出了惨重的代价，尤其是袋狼，由于吃羊而被人类大肆猎捕，所以如今它们已经绝种了。

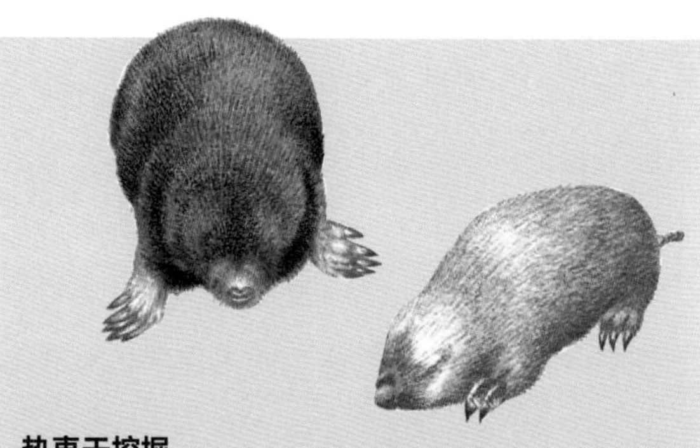

热衷于挖掘

鼹鼠和袋鼹都是平行进化的范例。这两种动物是独立进化出来的，当然共同的目标是适应地下的生活。它们都没有外耳，眼睛几乎都是瞎的，并且都有着大大的铲子形状的前肢。

食蚁动物

南美洲的小食蚁兽和体形较小的澳大利亚袋食蚁兽有许多相似之处。它们的牙齿都不太发达，并且都有着长长的口鼻部、锋利的爪子以及黏黏的舌头，这使它们充分适应了以白蚁为食的生活。

▲ 就像欧洲的刺猬适应了当地的环境一样，生活在马达加斯加岛上的马岛猬也适应了岛屿上的生活，它们身上长着刺，扮演着食虫动物的角色。它们以家庭为单位成群地生活在一起，在腐烂的落叶堆中共享一个洞穴。当受到威胁时，它们会用自己身上尖锐的刺，来扎捕食者的脸。

大开眼界

定居此地

动物和植物都需要额外的力量将种子散播到岛屿上，但是一旦在岛屿上“站住了脚”，它们就有可能失去这种能力。比如，岛屿上有很多不会飞的鸟，如几维鸟、鸮鹦鹉和短翅水鸡。这种现象在岛屿上的昆虫身上也有所体现，许多昆虫的翅膀都发育不完全。植物也是如此，如陆地上的许多木槿属植物都能够靠海水来散播种子，但夏威夷群岛上的木槿属植物却丧失了这种特性。

漂流是生命到达岛屿的另外一种方式。椰子树是通过在海洋中漂流的方式散布种子的代表。椰子树的种子能够在海上漂流 4 个多月。种子有浮力，可以借助海水的力量来传播。盐水会抑制种子萌发，但是一旦着陆并浸泡在淡水之中，它们就会立即发芽。还有很多植物会让果实随水漂流，去“开拓”岛屿，比如露兜树、海滨山黧豆和海滩牵牛。

附着在动物的身上或者体内，也是植物们散播种子的成功方式。许多植物都依赖鸟类和蝙蝠传播种子。腺果藤那黏黏的果实会黏附到从它们的叶丛间飞过的鸟儿的羽毛上，并由鸟儿帮忙散播出去。星草菊也使用同样的策略，利用在地面上筑巢的鸟儿来播撒种子。蒺藜则通过将自己缠绕在鸟儿的脚上来进行传播。许多其他植物的种子，比如桑树和无花果树的种子，都能够经受住鸟儿消化系统内的酸性环境，并随着鸟儿的粪便散播到岛上，而这些富含营养的粪便可以为它们的萌发提供养料。

岛屿上早期的居民大多是会飞、会游泳或擅长漂流的动物，最明显的例子是鸟儿和蝙蝠。像燕鸥、鲣鸟和海鸥这样的海鸟经常到岛屿上筑巢和繁殖。陆地上的许多鸟儿，比如秧鸡、雨燕，甚至天鹅，都有可能在飞翔中遭遇强风，被吹到岛屿上去。许多微小的无脊椎动物，如蜘蛛和跳蚤的体重都很轻，很容易被风携带到岛上。较重的无脊椎动物，如蜗牛、蜈蚣、蟑螂和大型蜘蛛，可能会随着漂浮的树木抵达岛屿。例如，在圣海伦岛（大西洋中的一个岛屿）上发现的大多数昆虫，不是在树木上蛀洞为巢，就是附着在树木上面生活。风暴可以将大树连根拔起，并将它们抛入河流之中，然后它们就顺流漂到海洋里。原本生活在树上的某些动物能够成功“移民”，但是也有大量的生命会因为适应不了这样的长途跋涉而死于途中。

▲ 澳大利亚的大袋鼯居住在树洞中，黄昏时分才出来觅食。与会滑翔的飞鼠和鼯猴一样，大袋鼯的肘和踝之间也有一层皮膜，能够滑翔 100 多米的距离。

▲ 南非墓蝠生活在整个南非地区，以及留尼汪岛和阿森松岛上。它们在黄昏前觅食，主要食用飞舞的昆虫。吃水果的蝙蝠对岛屿上的植物是至关重要的，因为它们可以帮助植物散播种子。

也有一些较大的动物能够在漫长的旅途中存活下来，如沙氏变色蜥就是乘着“木筏”从南美洲漂流到了加勒比海的岛屿上。鳞趾虎（一种壁虎）具有特殊的优势，很容易在太平洋岛屿上安家。这种动物有两个明显的特征，使它们非常适合“移民”：首先，只要有一条雌性鳞趾虎到达岛屿，物种繁衍就可以开始，因为它们不需要配偶，能够单性繁殖；其次，它们的卵能够经受住高浓度盐水的浸泡。此外，寄生生物也会被植物和动物带到岛屿上。

扩散能力较弱的生物可以到达那些距离大陆较近的岛屿，然后再以这座岛屿为基点，向群岛中更远的岛屿扩散。甚至一些大型动物也可以通过这种方式移居到岛屿上——据报道，曾经有老虎游了很长一段距离，成功到达了岛屿。另外，还有许多生物都是由人类带到岛上的。

吃人的“火鸡”

这只鹤鸵看上去就像是一只体重超标的火鸡，趴在那儿等待着成为人们的节日美餐——但是可别搞错了，想把它捉住并端上圣诞节餐桌的人，很可能不幸成为它的腹中之物。鹤鸵的爪子像剃刀一样锋利，踢起人来非常野蛮，而且脾气火爆。它们曾经杀死过人，生活在澳大利亚北部地区和新几内亚的人们都会对它们敬而远之。

岛屿生物的进化

岛屿上的许多物种都是在与世隔绝的状态下进化出来的，因此在世界上其他任何地方都无法再找到同样的物种。进化是通过自然选择进行的。自然选择是指因为具备某些特征而更适应所在环境的个体，比那些不适应环境的个体更容易成功地生存和繁殖。经过成功繁殖，这些有利的特征就可以传递给后代。适应主流环境是物种进化的主要目的，为此，它们甚至不惜进化成一个全新的物种。

广阔的进化空间

由于原本没有生命，所以岛屿上有巨大的空间可供物种进化及新物种形成。抵达岛屿的物种可能会发现某些特征更适合岛屿上的环境，然后它们就会沿着这个方向进化。最终，一个物种可能会变得和最初完全不同，足以被归类为一个新的物种。为了应对新的环境条件，一个物种慢慢地进化成新物种的过程，被称为线系进化。

岛屿上的生命具有另一个普遍特征是，一个物种会适应不同的环境，并相应地进化成多种截然不同的形态，这被称为适应辐射。夏威夷群岛的旋蜜雀为适应辐射现象提供了一个最富戏剧性的案例。科学家们相信，夏威夷地区种类繁多的旋蜜雀，都是由数千年前到达夏威夷的一对旋蜜雀繁衍出来的。当这对旋蜜雀的后代分散到不同的岛屿上以后，它们就开始各自适应当地的生活环境。经过基因突变和进化，最初的那一对旋蜜雀演变成了许多不同的品种——主要表现在于鸟喙形状的不同。有一些旋蜜雀长着细长而弯曲的喙，便于吸食花蜜；而另一些旋蜜

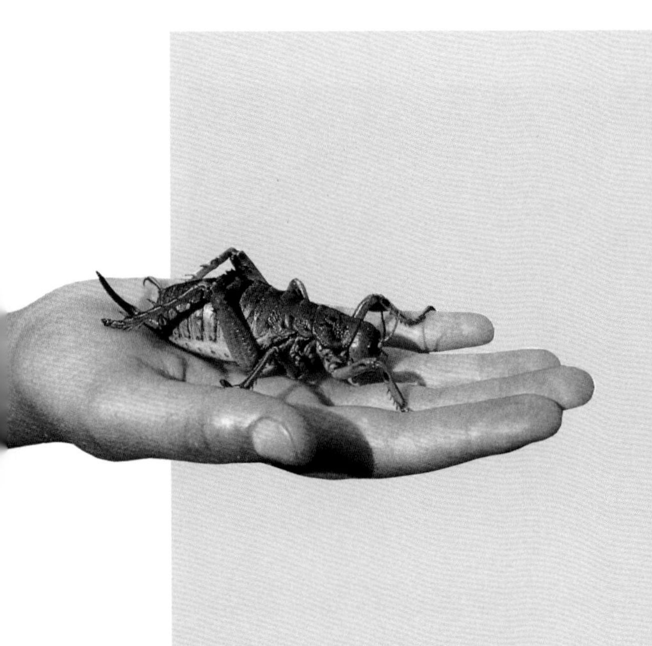

岛上的巨兽

岛屿物种的一个有趣的特征是，它们通常都比自己大陆上的亲戚长得大。例如，巨大的加拉帕戈斯陆龟、不会飞的加拉帕戈斯鸬鹚、肉食性的科莫多巨蜥、菲律宾鹰（学名是食猿雕）、鸮鹦鹉、科迪亚克熊（棕熊的一个亚种，生活在阿拉斯加湾的岛屿上），以及新西兰的沙螽都是岛屿上的物种，它们都是同类中最大的或者比较大的。

我们不知道为什么岛屿上的物种会比大陆上的物种大。可能是由于较大的物种更容易散播后代的缘故。另一个比较令人信服的理论是，由于岛上缺乏大型的捕食者和竞争者，所以物种可以长到很大，以便占据空旷的生境，充分利用闲置的资源。

雀的喙又短又硬，就像鹦鹉的喙一样，能够把种子碾碎；还有一些旋蜜雀的喙尖端锋利，能够探测并刺穿昆虫。

此外，一种动物在岛屿上进化的过程中，常常会与大陆上的某种动物所处的环境条件极为相似。在类似的生活环境中进化，这两种生物就很可能发展出非常相似的形态特征和生活习性，这被称为平行进化。

魔鬼岛

岛屿看起来好像为它的居民们提供了优越的生活条件——食物丰富，并且没有天敌。但实际上，岛屿上的生物能够存活下来多半要靠运气。近年来，物种灭绝率最高的地方就是岛屿，物种灭绝对岛屿上的野生物来说再寻常不过了。

岛屿上有大量当地独有的物种，例如夏威夷群岛上约 91% 的植物在别处都没有分布。岛屿上能够进化出这么多独有物种，是因为那里缺少捕食者、疾病和资源竞争。因此，如果外来的动物、植物和疾病被带到一座岛屿上，就可能导致当地物种大量死亡。当玻利尼西亚人到达新西兰后，他们带去了狗和老鼠。这些外来物种的引入，加上人类砍伐森林和捕猎，最终导致了 13 种恐鸟（新西兰特有的无翼大鸟）以及其他 16 种当地独有的鸟类彻底灭绝。岛屿上的许多植物也会由于生态环境遭到破坏而绝种。在马达加斯加群岛，80% 的植物物种都受到了威胁，而且 80% 的土地都遭到了破坏。

自然灾害也威胁着岛屿上野生物生命安全，尤其是在一些小岛上，动物们根本无处可逃。一场大灾难就可以轻而易举地毁掉一个物种，甚至岛屿上所有的生命。1883 年 8 月 27 日，位于太平洋中的喀拉喀托岛上的一次火山喷发，导致这座岛屿几乎被彻底摧毁，四周岛屿上的生物几乎消失殆尽。

▲ 近年来，由于生态环境遭到破坏以及外来物种的引进，新西兰**鸮**鹦鹉的数量急剧减少，**鸮**鹦鹉的处境也是现在很多岛屿生物共同面临的问题。

河流中的野生物

一条河流从源头流进大海，在这期间会有许许多多的变化。水生的动植物们会沿着整条河流安营扎寨，但是水生生物数量最多、品种最多的地方，是在营养最丰富的中游河段。

河流通常发源于山区高地。它们最开始都是由雨水形成的细流和小溪。这些细流和小溪不断汇集在一起，规模越来越大，速度越来越快，再汇合其他的溪流，最后形成河流。在河流的中游，河床又宽又深，流速也变得缓慢。当河流接近入海口时，河床就会变得非常宽阔，而且流速滞缓。

河流生态区域

河流为水中的动物和植物提供了许许多多不同的生活环境。这些动物和植物，有的生活在河床上，有的生活在开阔的水域里，有的生活在水草或者河岸附近浅水中的植物里，还有的生活在河岸边。苍鹭、石首鱼、水獭会捕食河流里的鱼类；鹡鸰、燕子、蝙蝠会在河流上方掠过，捕猎水中的浮游生物。

陆地上死去的动物和植物的遗体残骸有时也会被冲进河里，叶片和种子也可能会被风吹到水里。这些腐殖质为水中的微生物、蠕虫、蜗牛、虾及贻贝提供了食物；水中微生物、蠕虫、蜗牛、虾等又是鱼类、螯虾、海龟的食物；而鱼类、螯虾、海龟则又可能成为水獭、鳄鱼、短吻鳄的腹中餐。

在鲟鱼、鲇鱼和其他鱼类的下颌上，长着触觉和味觉都很敏感的触须，它们用这些触须来搜寻泥水中的食物。电鲇鱼和电鳗则通过从它们身体上发出的微弱的电流来探测猎物。

泛着白沫的急流

在某一条河流里，会生存着什么样的动物和植物，通常是由水的流速决定的。因为很多生物都会被急流冲走。此外，水的流速还会影响到水中溶解的氧气量，如棕色的鲑鱼需要含氧量

▲ 这种尼罗河鳄鱼是最大的河流猎手之一，能长到5米长。它们捕食鱼类，有时也会从水中跃起攻击喝水的羚羊，甚至还会用尾巴将幼鸟从岸边草丛中扑打出来。

▲ 生长在苏格兰河流中的这种正在开花的水毛茛，染红了整条河流。这种水生植物的叶子是长长的，呈带状，会随着水流漂荡。鱼、昆虫和小型甲壳纲动物就居住在这些水草里。

丰富的水域；淤泥里的蠕虫却可以生活在含氧量非常稀少的水域里。

水流也影响河床。水流的速度决定河里的淤泥是沉积下来，还是从石质或沙砾层的河床上被冲走。如果河流的流速缓慢，淤泥就会沉淀在河底；水星草之类的植物就能在这里找到立身之地；蠕虫、蚌类及昆虫的幼虫则会藏在这些淤泥里，避免被水冲走。当河水快速流过石头或沙砾层时，水中的动物可以用自己的爪子或吸附器官将身体悬挂在石头和沙砾上。水甲虫和蜉蝣的稚虫都长着扁平的身体，这样可以藏在岩石的缝隙里。在这里，昆虫的幼虫能呼吸到水里溶解的氧气。如果水流过于湍急，需要氧气的水中动物就可能会浮在水面上去呼吸。在安第斯山脉那湍急的水流里，身体呈流线型的湍流水鸭（也称急流鸭）会潜到水下去寻觅昆虫的幼虫和小鱼，每当这时，它们就会用自己坚硬的尾巴、有力的腿，以及锋利的爪子，牢牢挂在光滑的岩石上。七鳃鳗则用像吸盘一样的嘴吸附在岩石上。如果水流的速度太快，动物们繁殖后代也会变得非常困难。鲑鱼和大麻哈鱼将卵埋在沙砾中，以免被水流冲走。在澳大利亚的河流里，约1.8米长的墨累河鳕鱼会在水中那些中空的能分泌树胶的树里产下有黏性的卵。蜻蜓和蜗牛会将自己的卵黏附在水下的植物上。

在一些河里，动物能长很大，水会托浮着它们的身体。南美洲的巨骨舌鱼是最大的淡水鱼之一，它能长到3米长，重量可达140千克。在一些热带河流里也生活着大型动物，像河豚和海牛。白天，河马会躲在河底纳凉，只在夜里才上岸吃草。貘会沿着河边行走，并涉水觅食河边的植物。

体形巨大的蝾螈生活在中国东北、中部和南部山区的河流洞穴里。这种巨大的两栖动物从来不会离开能够托浮它们身体重量的河水，因为它们是用肺和皮肤呼吸的。它们通常能长到 1.2 米左右，不过在中国湖南被发现的一个品种身长约 1.8 米，重达 65 千克。

▲ 这种水蜥蜴能够依靠强健的尾巴熟练地游泳，它们的大部分时间，都栖居在澳大利亚东部地区河流上方的树木上。

大开眼界

大个头的鱼

印度鲃鱼是一种巨大的鱼。它们生活在水流或者湍急或者缓慢的喜马拉雅山区的河流里，以绿色藻类、昆虫幼虫和软体动物为食，能长到 2.7 米长。其他的大型河鱼还有长达 2 米的尼罗河鲈鱼，以及 5.5 米长的卡卢加鲟鱼。

▲ 美洲水貂是一种邪恶的水边杀手动物，它们或者在水中或者沿着河岸捕猎。这只生活在墨西哥的水貂刚刚抓住了一条鱼。此外，它们也掠食贝类、啮齿类动物和鸟类。

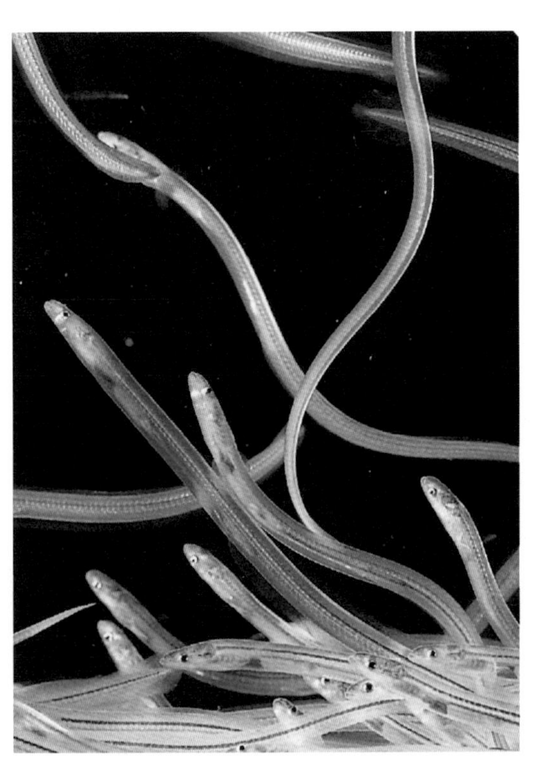

▲ 这种透明的、黏黏的、体形细长的幼鳗（小鳗鱼），是一种生命力顽强的迁徙者。它们成群地挤在一起，身子蜿蜒，逆流游动，甚至能够翻越过瀑布旁边潮湿的石头。

运河中的野生物

运河可以被分成三个区域：深水区、河边浅水区、河岸区 / 纤路区（供拖拉船只的道路）。

深水河道里的动植物很稀少。来来往往的船只使漂浮在水面上的植物难以找到依附之处。不过，一些水下植物却能繁茂地生长。这里经常出没的是鳊鱼、石斑鱼和鲤鱼。河边浅水区内有大量的植物，像芦苇、浮萍和水草。蜻蛉等昆虫大量出没于这些植物之间，它们的幼虫会寄生在水下的蜗牛体内。在河岸区的植物中，生活着无数的哺乳动物、昆虫和鸟类，像苇地白颊椋鸟和莎草莺。一些运河的河岸和纤路区由人工进行管理，这里的植物被砍倒在地，不过总的来说，这里仍然有不少植物和相关的动物生长。在废弃的纤路上，我们时常都能看到黄菖蒲这样的植物。

夏季里的一条废弃运河

①茂密的植物在河岸上蔓延，苇地沼泽逐渐堵塞运河。
②在炎热的白天，梭鱼、河鲈、石斑鱼、赤睛鱼都藏在芦草丛生的河边。
③在黄昏和凌晨时分，丁鲷、鳊鱼、鲤鱼在到处都是苇草的河 流底部四处游动。
④沉陷的驳船成为梭鱼、河鲈、鳗鱼的藏身之所。
⑤河道上废弃的船闸在冬天吸引了很多鱼类。

河流上游源头的

野生物

上游河段的河水凉爽、清澈。河流会迅疾地翻过巨石和砾石，跃过险滩，像瀑布一样落下。在这种河水流速极快的石质河床上，很少能有植物生存下来，因为沉积物差不多都被冲走了。但是，在河岸以及石块和巨石上水花飞溅的地方，地钱（Ⓐ）、水藻（Ⓒ）、苔藓植物（Ⓔ）和蕨类植物（Ⓕ）都能够找到立足之地。只有少数动物才能生活在急湍的河流里。杜父鱼(Ⓖ）潜藏在石头中间，它们在夜间猎食生活在河底的甲壳纲动物。棕色的鲑鱼（Ⓗ）会迎着水流不停地游动，使自己保持在固定的位置。它们会截获浮在水中的石蝇稚虫（Ⓘ）以及其他一些无脊椎动物，有时还会跃出水面将飞行的昆虫拖到水里。河乌（Ⓑ）会沿着河底搜寻昆虫。秋沙鸭（Ⓓ）在更大的高原河流里追逐鱼类。

亚马孙河中游河段的生物

当河流变宽，水流减缓后，河床上就会聚集淤泥，而各种各样的植物就会在淤泥上生长。在河流的中游，动物的品种最丰富。

河流中游平缓的水流对很多鱼类都很理想，如鲇鱼、黄貂鱼、脂鲤、天使鱼（①）、庞大的巨骨舌鱼（②），以及身手灵敏、在水面捕食的双须骨舌鱼（③）。在捕食鱼中，有红色的水虎鱼（④）。它们长着剃刀一样的锋利牙齿。一群水虎鱼能很快将鱼或一只河狸鼠（⑤）吃掉。

电鳗（⑥）利用身体发出的电子流在浑浊的河水里探路，同时还能将鲻鱼（⑦）电晕。亚马孙河豚（⑧）也适应了昏暗的环境，这种动物实际上是瞎的，它们是通过回声定位来捕食鱼类的。一只巨大的水獭（⑨）从水中抬起大脑袋四下查看。在河边，两只水豚（⑩）正在消化水生植物。它们是最大的啮齿类动物。在距离它们不远的地方，一头美洲豹（⑪）正准备对猎物进行骤然一击。蚺蛇（⑫）在杂草丛生的河面上蛇行而过，它能将身子卷在猎物身上，并强力挤压，从而使猎物窒息而死。

一只鬣蜥（⑬）懒洋洋地停留在树枝上，在茂密的树丛中，这里是它的庇护所。它的长尾巴悬垂在河面上。

日鳽（⑭）在河边觅食,蝴蝶（⑮）在这里的泥沙中搜寻矿物盐。一群猩红色的金刚鹦鹉（⑯）在河岸上啄黏土，并从黏土中获得盐分。黄领金刚鹦鹉（⑰）在空中飞行、巡视。

一只扁平的蛇颈龟（⑱）在水下追逐鱼类；凯门鳄（⑲）在水面上四处察看。

康瓦尔河

入海口处的生物

上游河段的河水凉爽、清澈。当河流接近海边时，就会变宽，水流也会变缓，而且这时淡水和海水会混在一起。河流中的沉积物会在这里堆积，形成软泥和盐沼，而这些地方又是许多像海滨螃蟹（Ⓐ）一样的无脊椎动物和喜盐类植物的家园。厚岸草（Ⓑ）生长在浅水区域的泥地里，在涨水季节里，它们会被淹没。互花米草（Ⓒ）比泥泞的海岸稍高一些，但在涨水季节里仍然会被半淹没在水中。海洋薰衣草（Ⓓ）生长在更高一些的地方，雌秋沙鸭（Ⓔ）在泥地里寻找小型蜗牛和其他海洋生物。鸬鹚（Ⓕ）神气活现地晃动着一条冒险进入河流淡水区域的比目鱼。燕鸥（Ⓖ）在空中飞翔，然后到水中捕食像胡瓜鱼（Ⓗ）这样的小鱼。胡瓜鱼又捕食小型甲壳纲动物和鱼类。灰鲻鱼（Ⓘ）啃食水藻，并在有潮汐涨落的小溪里滤食淤泥。海洋鲑鱼（Ⓙ）是一种大型的有银色光泽的鱼。

盐碱沼泽地中的野生物

海洋的边缘是辽阔的低地，在那里，形成了一些具有高生产力的生态系统——盐碱沼泽地和红树林沼泽地。

这些湿地通常分布在河口三角洲沿岸——海岸线由泥滩组成，其间还散布着沙滩。偶尔，它们也会形成于内陆盐湖边缘。生活在海岸湿地中的植物已经适应了每天两次的潮水冲击。在温带地区，盐碱沼泽地几乎被青草覆盖。而在热带和亚热带地区，海岸湿地中则生长着大片的红树林。

许多动物都在湿地中找到了避难所，但是，这里并不适合人类居住。比如，雪雁和鸭会在温带地区的盐碱沼泽地中过冬，鹭和鹮则把巢筑在了亚热带地区的红树林沼泽地中。

▲ 这片沼泽地位于西班牙的拉斯马里斯马斯，曾经是西班牙国王的猎场。如今，这里已经成为许多鸟类的繁殖地。此外，每年都有成千上万只斯堪的纳维亚鸭和斯堪的纳维亚雁到这里越冬。

◀ 一只黑翅长脚鹬正在看护自己的蛋，它的巢穴隐藏在咸水沼泽地茂密的植被中。黑翅长脚鹬的腿比较长，因此，每当它们坐下来孵蛋时，都要花费一些时间使自己坐得更舒服些。

除了能为野生动物提供栖息地外，海岸湿地还具有许多其他功能。生长在海岸湿地中的植被可以巩固海岸线，抵抗海浪、洋流和海风的侵蚀。在冬季或者雨季，海岸沼泽地能够抵御风暴，形成极强的缓冲带，从而使农田和内陆免遭洪水侵袭。在气候比较温和、平静时，湿地植被的根能吸收水中多余的氮和磷，净化水质。此外，湿地植物还能制造出大量的有机物残屑，为附近海域里的浮游生物和其他海洋生物提供美食。

盐碱沼泽地

温带地区的海岸湿地通常都是沼泽地，上面长满了摇曳的青草和其他开花植物。潮间带的宽度以及栖地土壤的盐分不同，沼泽植物的构成成分也不同。在北欧和北美开阔的泥滩地上，生长着大片的厚岸草或大米草。大米草与仙人掌一样，也长有能够维持体内水分的肉质茎。那些被大米草的根部吸进体内的盐分会通过叶片上的腺体排泄出去，而在低潮时，叶片上的腺体能将吸进体内的氧气运送到根部。大米草的繁殖能力特别强，一段时间之后就会形成茂密的群落。当它们的叶子和茎部陷入淤泥和沉积物中后，海岸线附近的地面就会上升，从而为沼泽地中的其他植物（如海洋薰衣草和海洋紫菀）创造出一个相对干燥的栖居环境。在离海岸线更远一些的沼泽地里，由潮水引发的“洪灾”并不常见，因此生活在那里的植物（如海洋苦艾）的耐盐性都比较弱。

在沉积物丰富的泥地里生活着许多蠕虫和甲壳类动物，而在浅滩处则生活着一些鱼类（如鲽和鳎）的幼体，它们都是栖息在同一片湿地上鸟儿的“猎物”。在低潮时，泥滩或沙滩一旦暴

▲ 在位于中国辽宁盘锦的美丽的红海滩上，几只仙鹤正在悠闲地散步。红海滩是一片保存完好的海岸湿地，纤弱的碱蓬草每年4月长出地面，初为嫩红，渐次转为火红，到了10月由红变紫，构成一幅奇特而绚丽的海岸奇观。

你知道吗？

美丽的红海滩

在中国东北部的辽宁省盘锦地区，有一片神奇而美丽的海滩，大片大片长有鲜红色叶子的碱蓬草长在一起，汇聚成了20多平方千米的红色海洋。这里生活着丹顶鹤、黑嘴鸥等236种鸟类，以及数百种其他生物。碱蓬草每年春季出苗，叶子的颜色渐渐由浅变深，到了秋天变成一片火红，浓烈的色彩伴随着大群的鸟类，堪称一道美丽的风景奇观。盘锦红海滩是活的，它始终追赶着海浪的踪迹。沿海滩涂以每年50米的速度向大海延伸，红海滩也踩着它的足迹，一步步地走向海里。

露出来，招潮蟹就会从洞穴中爬出来，捡食潮水退去后留下的绿藻和其他有机物碎屑。反嘴鹬和其他一些腿部较短的涉禽则会探食泥地里的无脊椎动物。苍鹭和白鹭通常在浅水处猎食小鱼。在高潮时，海鸥会掠过水面抓食小鱼，潜水鸭和鸬鹚则会潜入水中搜寻小鱼。

对许多爬行动物而言，温带地区的气候比较寒冷，不适宜生存。但是，英国游蛇偶尔会顺着河口误入沼泽地中。由于缺乏掩体，水质偏咸，因此，许多大型哺乳动物也不会把沼泽地当作栖息之地。然而，在沼泽地里却生活着许多小型哺乳动物，比如水老鼠、浣熊、水貂和河狸。

◀ 这只食蟹猴已经没有耐心去等待低潮的来临，于是便试图用前肢来捕捉水里的鱼。食蟹猴和长鼻猴都生活在东南亚的红树林沼泽地中。长鼻猴善于游泳，喜欢群居，通常10～30只集为一群。它们喜欢一边在水中寻找食物，一边打闹玩乐。

栖息在北美洲海岸沼泽地中的麝鼠，过着神仙一般的日子。与那些生活在淡水中的亲戚不同，生活在盐碱沼泽地中的麝鼠会用大米草和芦苇秆为自己修建一个巨大的如同干草堆一样的家。洞穴的入口开在水下，通过洞内通道可以到达位于高水位线上的干燥且舒适的“卧室”。麝鼠喜欢啃噬植物的根。在炎热的夏季，它们会因此把大片的香蒲毁掉，从而使湖面变得空荡荡的。在寒冷的冬季，当食物出现匮乏之时，这些机敏的啮齿类动物便会待在洞穴里，啃噬用干草筑成的“墙壁”。

▲ 一只小绿鹭正在美国佛罗里达大沼泽国家公园中的海岸湿地上觅食。如果它忘记了自己的行走路线，就会迷路进入附近淡水湿地中美洲鳄的领地。

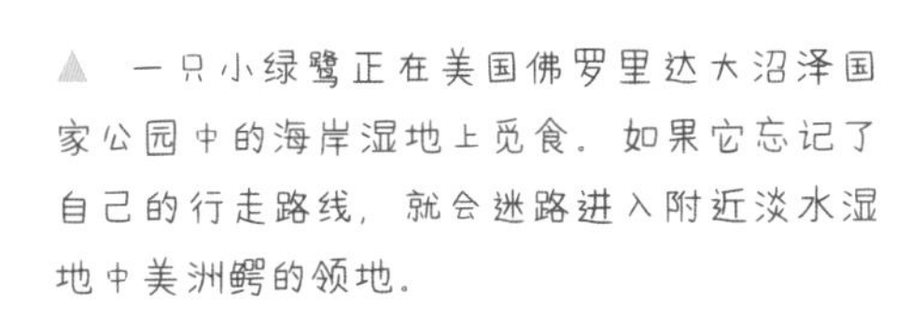

红树林沼泽地

红树林主要分布在热带和亚热带地区的江河入海口和开阔的海岸处，据统计，大约有80个树种。在沼泽地特殊的小生境中，每一个树种都有属于自己的生存方式。许多树种都长有用于支撑植株的拱形气生根，它们均扎根于泥地表面，而非深土层。一些树种所生长的土壤经常会受到潮水的浸渍，因而长期处于缺氧状态。为此，这些

▲ 泥鱼大多数时间都不在水中生活，而是栖息在红树林的根上。当潮水退去以后，它们便在泥地里蜿蜒穿行，觅食蠕虫、植物和小型螃蟹。不时地，它们还会饮一大口水来帮助呼吸。

陆地边缘

在伯利兹堡礁障壁台地后面，有数百条隐蔽的小湾。它们的浅水处长满了红树林，形成了红树林沼泽地。树林里飞满了蚊子。红树林的根系非常发达，盘根错节。在高潮时，树根之间的隐蔽处便成为上百条礁鱼的游玩场所。在低潮时，蛇和鸟会猎捕那些躲藏在树根之间的水生物。

①牡蛎、藤壶和其他贝壳把自己紧紧地夹在了红树林的拱形支柱根上。
②成群的小雀鲷在红树林的木质根系之间游来游去，这里是它们成长时期的避难所。当小雀鲷发育成熟以后，它们就会迁徙到附近的珊瑚礁中。
③水中的氧气含量较低。一条大海鲢幼鱼游到水面，呼吸新鲜空气。
④梭鱼在沼泽边缘来回巡游，捕食那些从它们身边经过的小鱼。
⑤成群的小宽竹荚鱼在红树林沼泽地中的浅水处或珊瑚礁附近觅食小鱼和小虾。
⑥一只美洲蛇鹈在潜水捕鱼时，勇敢地来到红树林错综复杂的根系旁。
⑦灰笛鲷属于笛鲷科。此时，它们正在寻找食物。在灰笛鲷的左边是一条黄鳍笛鲷，红鳍笛鲷则隐藏在红树林的树根之间。
⑧朝天水母俗称倒立水母，这只朝天水母轻轻收缩身体后，喷出了一股股水流。
⑨在沼泽地的淤泥上生活着一簇簇海藻，比如仙掌藻和扭纹藻。
⑩这些长在红树林根部的橙色或紫色瘤状生物体是海绵，它们与海葵、海鞘、苔藓虫互相竞争生存空间。

▲ 这些红树林的种子在离开母体之前，就已经萌芽并长成又长又尖的幼苗。当它们从母体上掉下时，会借助自身的重力插进软泥里。不久，它们就会在母体的气生根附近长成新的植株。

树种逐渐进化出了一些特殊的组织结构，以吸收更多的氧气。许多树种都通过树皮上的皮孔吸收氧气。其他一些树种则长有一些矛状的气生根，这些气生根能够伸出水面，从空气中吸收氧气。有些树种具有很强的耐盐性。红海榄（红树属）生长在近海区域，它们的根部细胞能够有效地阻止钠离子渗入。那些生活在内陆地区的树种通常通过叶片上的盐腺将体内过剩的盐分分泌出去。

红树林的根系非常发达，可谓盘根错节。在浸泡于海水中的树根之间生活着许多甲壳类动物。鱼类的幼体和无脊椎动物也躲藏在这些木质“迷宫”中，以逃避捕食者的追击。它们的最大威胁来自梭鱼和其他捕食型鱼类。但是，在东南亚地区，鱼蛇是这些鱼的天敌。在澳大利亚的红树林沼泽地中，它们的天敌是咸水鳄。

在红树林的树冠层生活有许多蛇、蛙、海蟾蜍、营巢鸟，甚至还有一些哺乳动物，比如婆罗洲长鼻猴。在非洲，红树林沼泽从塞内加尔海岸一直延伸到塞拉利昂。那里生活有许多野生物，比如海牛、倭河马、森林象、黑猩猩、乌龟和鳄鱼。

▲ 咸水鳄是澳大利亚红树林沼泽地中最危险的居民，通常有6米多长。它们以捕鱼为生，但是，有时也会吞食在它们猎食范围内的鸟或哺乳动物。

孙德尔本斯红树林

“孙德尔本斯”的英语原义指美丽的森林。孙德尔本斯红树林是世界上最大的红树林，大约有6000平方千米。它位于孟加拉国西部的库林纳地区，由恒河三角洲及靠近孟加拉湾的布拉马普特拉河和梅克纳河养育而成。这里气候温暖而潮湿，大约生活有300种植物，主要的红树林品种有海漆。在孙德尔本斯红树林的地面上密布着河流和沟渠。当潮水升起以后，这些河流和沟渠就会泛滥成“灾”。在这片森林的水域里生活着许多种鱼，它们能够在这里寻找到丰富的食饵。

与许多其他盐水沼泽地一样，过度开采已经成为孙德尔本斯红树林最大的威胁。当地人为了获取木材、薪材和纸浆用木材，每年要砍伐20多万立方米的红树林。在红树林和附近的海岸水域中，大量的鱼被捕捞。红树林还为当地人提供了大量的蜂蜜、蜂蜡和贝壳。

尽管如此，孙德尔本斯红树林仍然孕育着丰富的动物群，包括几十种爬行动物、几十种哺乳动物和260多种鸟类。但是，一些哺乳动物的生命受到了极大威胁，比如孟加拉虎、恒河猴和梅花鹿等。

农田中的野生物

在大片的牧草和成熟的麦田里，你能够发现各种各样的野生动植物。

自从远古人类把原始森林开垦出来，种植大麦、小麦，饲养羊、牛、猪，农田就对自然景观和野生物产生了直接影响。人类在农田上的生产活动造就出了人造景观，但这种人造景观却可能对自然界的野生物不利，不过它也为动物和植物创造了新的栖居环境和生存机会。

从狭小的苏格兰农场到美国中西部辽阔的麦田，从亚洲湿润的梯田到以色列沙漠中的人造绿洲，世界上有各种不同类型的农田。地区不同，农田不同，生活于其中的野生物也各不相同。例如，在印度的一些地方，长尾猴是农田里的常客；而在南美洲的牲畜地里，夜晚则有大量的蝙蝠。

▲ 在这片田地上曾经一度开满了野花。如今，由于谷类作物的生长，那些野花都不见了，只在耕田的边缘周围，残存着一些艳丽的罂粟花。

▲ 这只红狐狸是很多家禽的杀手，此刻，它正叼着自己的战利品逃走。投机取巧的狐狸总是在夜里袭击农场。

▲ 这只喜鹊打扰了一只正在吞食羊肉的兀鹰。以腐肉为食的动物在农场中生存得很好。20 世纪 50 年代，当英国农田中的野兔差不多都被清除干净后，兀鹰和鸢开始以羊的尸体为食。

农田里的好时光

对野生物而言，农田具有一些明显的诱惑力，如食物、掩体，并且能御寒。供人类食用的庄稼，也是昆虫、鸟儿和哺乳动物的美味。例如，在澳大利亚，粉红凤头鹦鹉（一种长有灰色和粉红色羽毛的鹦鹉）和美冠鹦鹉由于嗜食小麦和其他谷类作物，所以都成为农作物的破坏者。牲畜也吸引着像狐狸这样的食肉动物，它们通常在一两个固定的农场里偷吃小鸡。在中亚，农民们必须保护好自己的山羊和骆驼，使它们免受雪豹的侵害；在亚洲和欧洲的许多地区，狼群也是牲畜的威胁。粪蝇在耕牛的粪便上狂欢，马蝇喜欢叮咬大型家养哺乳动物的皮肉。当农田里的动物死在山坡上时，鸢鸟、秃鹰、乌鸦、甲虫等会蜂拥来食腐肉。

在热带地区，牛背鹭和黄嘴牛掠鸟被牛群吸引着，它们都以牛蹄子踢出的昆虫为食。它们也吃牛皮上滋生的扁虱。各种各样的苍蝇飞舞在家畜的周围，包括致命的舌蝇。

传统的农耕方式和现代农业技术，都会对农田里的景观和野生物产生影响。例如，为了给鸭子、鱼和饥渴的牲畜提供水源，人们挖掘出小池塘，而小池塘里又会吸引苍鹭、水鸟、蜻蜓、水甲虫和蝾螈这样的池塘生物。在数千万平方米的农田上，大量使用杀虫剂和除草剂，减少了植物和动物的数量。例如，在有风的时候或者在错误的时间里喷洒农药，会杀死大量的蜜蜂、蝴蝶和甲虫。一旦这些小型的动物和植物消失了，许多大型动物就不能在农场里找到足够多的食物。

秧鸡在非洲和地中海过冬，但是它们会在春天的时候迁徙到欧洲和中亚地区。它们总是飞往草原、农田和牧区，尤其喜欢那种由人工除草的传统手工农场，而现代化的除草机总是会破坏它们的鸟蛋、幼鸟和鸟巢。如今，这种秧鸡已经很稀有了。

农场里的建筑物也有自己的“居民”，其中一些甚至是永久性居民，就像在牛棚里结的蜘蛛网上的蜘蛛；而另一些则是暂时性的“访客”，如夏天在陈旧的谷仓里筑巢的燕子。农场建筑物对小鸟在冬天的生存也很重要。鹪鹩紧密地挤靠在墙洞和茅草屋顶上，互相用身体取暖。长耳蝙蝠可能会独自在牲畜厩里冬眠。像蠼螋和瓢虫这样的昆虫，会在户外建筑的隐蔽之处和缝隙中寻找藏身之处。田鼠可能会在农场建筑物和室内堆积的干草中过冬。野猫在不受人干扰的谷仓中安家，那里便于它们袭击谷仓中的啮齿动物。

在田野中

适宜耕种的土地上基本种满了农作物，它们都是人造环境。在农作物生长之前，农田里可能会野草丛生。它们大多是一年生植物，如罂粟、猩红色的海绿属植物、延胡索（一种原产于欧亚大陆的草本植物）、野芥子，以及芬芳的野茴香。与从前相比，今天的农田没有太多野草，因为除草剂把它们都杀死了。罂粟的种子会在土壤里休眠，有的甚至会在土中埋藏好几年。当农田被深耕时，它们会被翻搅到地面上，随之发芽、生长、开花。根须蔓延或者茎在地下的多年生植物，即使在深耕时被摧残了，也仍然会生存下来，被摧残的每一部分都能长成一株新的植物。在这些野草中，爬行生长的蓟和田野中的旋花属植物是最常见的。

有一些生物会在土地里一年年地生存下来，例如长脚蝇的蛆虫和金龟子的幼虫。在耕田里，像蜜蜂和蝴蝶这样的昆虫通常都很少，因为这里没有太多的野花可以吸引它们。只有在田地里的农作物开花时，授粉的昆虫才会从附近的草地或者林地里赶过来。

野外的角落

在农场的不同区域，总是有不同的野生物群落。下图显示的是在一个传统的混合型农场里，不同的野生物群主要生活的地方。

在灌木篱墙中

树篱丛中生长着茂密的山楂、李树、接骨木及山茱萸。像橡树、梣树这样的大树从灌木丛中冒出来。在它们的树冠里，生活着各种各样的丛林生物。在地面上，野生植物就像一张地毯，簇拥着灌木篱墙。

① 忍冬里的睡鼠
② 栅栏上的知更鸟
③ 婆婆纳属植物旁的鼬鼠
④ 霍氏鼩鼱
⑤ 刺猬
⑥ 旋花属植物旁的篱雀
⑦ 橙尖粉蝶
⑧ 蜡嘴鸟

在耕田中

鸟儿们抢食被耕犁从土壤里翻搅出来的金龟子幼虫和长脚蝇的蛆。野兔和红脚石鸡混杂在正在犁耕的田地里。

① 金龟子
② 白嘴鸦
③ 野兔
④ 红脚石鸡
⑤ 黑头鸥

在谷仓和牛栏中

破败的、布满尘埃的、幽暗的谷仓，不仅为野生动物提供了掩体和食物，还能让它们躲避寒冷。储存在谷仓中的谷物，以及大量的蜘蛛和昆虫，都吸引着啮齿动物和鸟儿。在房椽上，鸟儿筑巢，蝙蝠安歇。在夜里，可能会有一只狐狸或者一只大胆的獾偷偷摸摸地溜进来。

① 入巢的鹪鹩
② 斑鹡鸰
③ 归巢的燕子
④ 四处嗅来嗅去的獾
⑤ 仓鸮
⑥ 黄蜂
⑦ 蝙蝠
⑧ 棕鼠

蝗灾

蝗虫在温暖的地区繁殖。它们有时会组成一个庞大的群体，彻底摧毁农作物，引起饥荒。一大群蝗虫一天能吃约 16 万吨的粮食，这些粮食足以在一年内养活 80 万人口。

在农田里

灰色的山鹑在谷类作物中筑巢，而斑尾林鸽和云雀经常吃根茎作物。臭鼬主要在夜晚出来猎捕小型哺乳动物。

① 斑尾林鸽
② 灰色的山鹑
③ 云雀
④ 臭鼬

在干草地上

一般来说，在割牧草前，要先让草地中的野花有足够的时间播种，只有这样才能保证田野上有各种各样的植物和昆虫。

① 麝香蓟
② 大黑蛞蝓
③ 大理石白蝶
④ 花蛾子
⑤ 田鼠
⑥ 杜鹃蜂

但是，许多动物的生活，是逐渐转移到农田之中的。首先是蚜虫，它们的卵在树上和灌木上过冬。到了春天，黑豆蚜虫才散布到豆田和甜菜地里，它们在田地里繁殖，形成大片的蚜虫区。

田凫、白嘴鸦，还有许多其他鸟儿，会在春天光顾田野，觅食金龟子的幼虫和其他在土壤里的小动物，但它们几乎不吃正在生长的农作物。但是，斑尾林鸽会在农作物丛中下蛋。在春天和冬天，它们在羽衣甘蓝、花椰菜和卷心菜这样的豆科类和芸苔类植物中下蛋；到了夏天，它们在谷类植物中下蛋。在美国东部地区，普通拟八哥会严重破坏谷类作物和结籽作物。

春天，野鸡和山鹑会吃豌豆叶、谷类作物和一些野草。从春天到夏天，雄性云雀的声音会回响在田野上空，它们用歌声捍卫自己的领地。稻田中间裸露的土地，通常是野兔的杰作，因为它们吃光了生长在那里的幼嫩植物。野兔低低地蜷缩在草丛中或者深耕过的犁沟中，很难被人发现，它们还可能出现在树林和灌木林的兔窝附近的田野边上。野鼠和林鼠不时地从周围的灌木丛林跑进田野里，吃农作物和田地中的小动物。禾鼠在谷类作物中筑起球形的鼠巢。但是，一旦联合收割机在这些农田里工作，这些动物就来不及逃跑。如今，禾鼠已经很少见了。

▲ 牛粪既令人厌恶，又很常见，它为许多苍蝇、甲虫、虫子和真菌提供了丰富的营养。黄色的粪蝇常在粪便的缝隙中产卵，因此当它们的幼虫孵化出来以后，四处都能找到食物。

大开眼界

土豆的敌人

科罗拉多甲虫主要生活在北美洲，它们的身上有一种特别的宽条形花纹。这种甲虫喜欢吃土豆。不管是成年甲虫，还是它们那些粉色或橙色的幼虫，都以土豆的茎叶为食。在美国、加拿大和欧洲地区，它们甚至还会摧毁农作物。雌性甲虫每次能在树叶下产约1000枚卵，每年会产2～3次卵。因此，甲虫的数量总是能够迅速增加。为此，农民们必须通过喷洒杀虫剂来清除这些害虫。

田地里还生长着各种各样的草，它们为动物提供了食物，人们还可以把它们割下来晒干，作为动物在冬天食用的草料。在那些未被割下的草地上，春天的野花大量繁殖并散播种子。秋天的开花植物，比如番红花，也不会因为收割牧草而受到影响。

在那些未受破坏的草地中云集着生命，昆虫活跃在被五颜六色的野花点缀着的茂草丛中。毛虫以草和野生植物为食，比如车轴草，它是蓝色蝴蝶最喜欢的美食。蚱蜢会在求爱期间鸣叫，而甲虫会在青草丛中爬行。大黄蜂“嗡嗡”地叫着，从一朵花飞到另一朵花，采集花粉和花蜜。此外，还能经常看见野兔和大量的田鼠在草皮上栖居。

灌木篱墙

一年四季，灌木篱墙为所有的动物都提供了栖身之地和食物。灌木、树木和地面上的植物，通常都被金银花、野生蛇麻草、铁线莲、树莓和葫芦蔓草的藤蔓纠缠在一起。

在英国，人们最初种植灌木篱墙是为了用它们防风，作为农场之间的分界，以及圈养家畜。在过去几十年里，许多灌木篱墙都被连根拔除，大片低成本的、适用于大型农用机械的田地取而代之。在日益“网络化”的大片农田上，残存下来的灌木篱墙成为动物们聚集和生存通道的走廊。灌木篱墙通常从林地边缘辐射出去，使林地呈一条带状延续着。与大多数的落叶林相比，成熟的灌木篱墙作为一种独特的

▲ 白鼬是夜间农田里的常客，它们生活在灌木篱墙、墙洞和篱笆中。它们跳跃着搜寻野兔、啮齿动物和鸟儿，最高速度可以达到30千米/小时。

▲ 由于禾鼠又小又轻，所以它能够爬到谷物的茎秆上去，吃生长在谷物顶端的谷粒。当它向上爬行时，它那灵活的尾巴能帮助它牢牢抓住植物的茎秆。

植物群落，能为动物提供更多的食物。秋天，迁徙的北欧鸫鸟和红翼鸫，与乌鸫和八哥在一起，享用其间的黑莓和接骨木果。然后，它们开始吃野玫瑰果、山楂、野梅和常春藤上的莓果。像黄蜂和青蝇这样的昆虫，也以灌木篱墙中的果子为食。许多昆虫以卵或处于休眠状态的蛹的形式过冬。

冬天，野鼠、老鼠和松鼠会在灌木篱墙中搜寻种子、榛子和橡子。林鼠和野鼠都擅长攀爬，因此，它们都够得着高处的浆果、山楂和玫瑰果。